건축 텍토닉과 기술 니힐리즘

건축 텍토닉과 기술 니힐리즘

Ontology of Construction:
On Nihilism of Technology in Theories of Modern Architecture

Gevork Hartoonian 지음 / 이종건 옮김

Spacetime

차례

역자의 글

이 책은 개복 하투니안Gevork Hartoonian이 쓴 **구축의 존재론: 현대건축 이론들의 기술 니힐리즘에 관하여***Ontology of Construction: On Nihilism of Technology in Theories of Modern Architecture, Cambridge University Press, 1994*를 우리말로 옮긴 것인데, 존재론이라는 철학단어가 우리 건축사회의 독자들에게 적잖이 무겁기도 하거니와, 그보다도 하투니안이 현대성을 의식하여 그것에 비판적으로 응전할 수 있을 새로운 대안건축을 사유하는 데 전체 글의 핵심이 놓여있는 까닭에, 제목을 **건축텍토닉과 기술 니힐리즘**으로 고쳐 달았다. 그러니까, 기술 니힐리즘으로 대변되는 현대 자본주의 세계를 가치 있게 살아낼 수 있는 건축은, 명멸하는 역사의 부침 속에서도 반복되어온 그 고유한 본질인 *테크네*(techne) 혹은 짓기 예술 곧 텍토닉을 통해서라는 하투니안의 주장을 제목을 통해 부각시키고 싶었기 때문이다.

몇 낱말들은 서로간의 미세한 뜻의 차이를 살리기 위해 다음과 같이 옮겼다. architectonic-건축텍토닉, making-제작, fabrication-공작, anthropomorphism-인간형태 중심주의,

planimetric-면 기하학, art of building-짓기 예술, construction-구축, modern architecture-현대건축, modern movement in architecture-현대 건축운동, lineament리니어먼트(윤곽), technostatic-기술틀지움(의).

니힐리즘(모든 견고한 것은 공기로 녹는다, 마르크스)에 토대를 둔 현대성의 세계는 건축의 근거를 깡그리 몰수한다. 빅토르 위고가 "이것이 저것을 죽인다"라고 언명한 것과 정확히 꼭 같은데, '저것'은 여전히 건축으로 머물고 있는 반면, 위고의 '이것'이 문자에서 니힐리즘으로 바뀐 것밖에 다를 게 없다.

건축은 근본적으로 개별성을, 그리고 한시성을 넘어서고자 하는 욕망으로 성립한다. 이 명제는, 비트루비우스가 건축의 시발을, 더불어 있고자 하는 욕망(함께 거할 따뜻한 공간의 마련으로)과 세속의 시간을 초월하고자 하는 욕망(하늘에 총총 빛나는 별들을 응시하는 시선으로)에 두었다는 사실에서뿐 아니라, 인류의 전 건축역사를 통해서도 별 어렵지 않게 확인할 수 있다. 건축을 포함한 예술과 문화행위 일체는 개인의 삶의 영역을 넘어서는 곳에서 발생한다는 사실을, 이 자리에서 구태여 논증하려고 드는 것은 전혀 무익하고, 또 쓸모없다. 이것은 심지어 인간이 인간으로서 사는 기본조건이기 때문이다(한나 아렌트 혹은 알버트 아인슈타인).

신의 죽음으로 도래한, 세속적 삶의 모든 가치들에 가치를 매기는 지고한 가치, 초월적 가치, 궁극적 가치 혹은 하늘의 가치의 상실은, 세계를 평평하게 만들고, 무체계로 해체시키고, 그리하여 모든 인공물, 모든 인간행위의 근거지움을 불가능하게 만든다. 중심은 없거나, "위와 아래, 안과 바깥, 중심과 주변 등을 구성하는 경계석들이 치워져 어디든 가운데밖에 없고"(니체), 상품의 교환가치에 의한 상품의 사용가치의 종식은 자본주의를 오직 유예속에서 운동시킨다(가라타니 고진). 새로움(현대적인 것)을 가치의 핵으로 삼는 현대성은, 그것을 일상화시킴으로써 아이러니하게도 내파의 운명을 비낄 수 없고, 현대예술은 그로써 자기부정 혹은 자살의 행로밖에 더 밟을 길이 없다(조르쥬 아감벤). 선형적 시간개념에 근거지운 진보 기획의 두절의 경험으로 때늦게 각성한 역사의 종언(프랜시스 후쿠야마) 혹은 현대성의 종말(지안니 바티모)은 우리의 삶의 환경을 윤리적으로 구축하는 것이 도대체 어떻게 가능할 수 있을지 지푸라기 정도의 생각의 단서마저 붙잡기 힘들다. 건축(architecture)이라는 낱말을 구성하는 앞말 아르케(*arche*)는 소멸하고, 뒷말 테크네(*techne*)는 기술승리로 인해 테크닉(수단)으로 전락하면서, 아키텍처는 적어도 개념적으로는 그 입지를 온전히 상실한다.

이러한 인식론적 토대없음 혹은 근거지움 불가능의 세계에서 건조환경을 구축할 토대를, 온 지구를 상품으로 전락시키는 후기 자본주의에서 건축을 할 수 있을 조건을 오랜 기간 고민해온

케네스 프람프톤은, 짓기 예술의 근본 3요소인 장소(*topos*), 유형(*typos*), 그리고 텍토닉(*techtonic*)에서 모색하는데, 이 시각은 하투니안과 일정부분 겹치기도 하고 미세한 차이를 드러내기도 한다. 전자는 하투니안의 텍토닉의 개념이 유형을 포섭하고 있다는 점에서 그러하고, 후자는 후설의 생활세계(lebenswelt) 개념에 기대는 듯 보이는 하투니안이 젬퍼에게서 읽어내는 특정한 삶의 조건들의 짜짓기라는 건축 텍토닉 개념에서, 다른 말로 하자면 현대건축의 돌파구를 건축 바깥의 삶의 조건들의 몽타주에서 모색한다는 점에서 그러하다. 종국적으로 하투니안이 제안하는 것은, 주어진 것들(전통과 현대성의 삶의 조건 양자 모두)을 받아들여 그것들을 비트는, '수용함으로써 극복하는' 바티모의 Verwindung의 건축인데, 이것은, 지금까지의 건축을 성립시켜 온 모든 내용, 모든 무게를 제거하여, 한 마디로 건축을 오직 장식으로서 살려내는, 우리로서는 받아들이기 매우 힘든 지극히 가볍고 가벼운 건축이다. "희랍인들은 생각이 깊었기 때문에 오히려 더 피상적이었다. 이것이 바로 우리가 되돌아와야 할 점이 아닌가?" 니체의 말이 생각난다.

2008년 성큼성큼 다가오는 봄을 반기며

이 종 건

* 이 책은 2007년 경기대학교 학술 연구비(학술도서 연구과제) 지원에 의하여 수행되었습니다.

머리말

이 모음집의 표제가 시사하듯, 여기 있는 에세이들이 거론하는 일차적인 주제는, 고도로 조작적이고 세속화된 기술과학 시대에 인공 환경의 현실이 어떻게 윤리적이면서도 합리적으로 구축될 수 있을지에 대한 탐색이자 난해한 질문이다. 저자가 즉각 지적하듯, 이 질문은 새롭지도 않고 독특하지도 않으며, 사실 18세기 말부터 현대적 의식에 끊임없이 제기되어 오고 있는 것이다. 프랑크푸르트 학파가 이끄는 대로 따라가며 그가 보여주듯, 이 아포리아가 발생한 것은, 글로벌 기술의 승리로 그것이 생활세계의 모든 측면에 침투했기 때문이다. 19세기 중반의 영국 라파엘 전파(前波)와 수공예 운동 지식인들, 그중에서도 퓨진(A. W. N. Pugin), 존 러스킨(John Rskin), 그리고 윌리암 모리스(William Morris) 등이 산업혁명의 영향으로 인한 전통과 믿음 양자의 손상에 처음으로 반항했지만, 이러한 기술변형의 더 심층적 문화영향은, 독일 건축가이자 문화이론가인 곳프리드 젬퍼(Gottfried Semper)의 예외적으로 통찰 있는 저술들, 무엇보다도 모두 1852년에 출판된, 그의 **과학, 산업, 그리고 예술**

(*Science, Industry and Art*)과 **건축의 4 요소**(*Four Elements of Architecture*)가 나오고서야 적절히 표현될 수 있었다. 전자가, 산업 재생산과 대중소비의 도래로 모든 가장(假裝)과 대용(代用)이 불가피하게 수반되면서, 전통적인 수공업의 바탕 문화가 명백하게 가치절하된 문제와 관계된, 여전히 현존하는 질문(젬퍼가 표현하듯, "철저히 혼돈스러운 이 사태에 시간이나 과학은 법과 질서를 어떻게 끌고 들어올 것인가?")을 일말의 감정 없이 처음 제기했다면, 1851년 만국전람회에 전시된 카리브 오두막에 초점을 둔 후자는, 그 다음 세기 내내 비판적 지식인들이 반복적으로 회귀하게 되는 민족지적 아르키메데스 점이라 부를 수 있는 것을 처음으로 가정했다. 아득한 산업이전의 문명과 심지어 농경이전의 유목문화에 대한 이 인류학적 관심은, 발터 벤야민(Walter Benjamin)이 한때 "진보의 폭풍"이라 특성지운 것을 넘어, 역사의 악몽 바깥에 자리 잡고 있는 몇몇 인간들의 미래 자아실현을 위한 하나의 보상의 준거로 자연스럽게 쓰이게 될 것이다.

부르주아 세계로부터 아득히 먼 고대에 대한 이러한 관심은, 사람마다 명백히 다른 모습을 띠었다. 그런데, 이러한 다양성에도 불구하고, 20세기가 전개되면서 하나의 식별 가능한 줄거리가 다음과 같은 수많은 인물들의 사유를 관통한다. 프랭크 로이드 라이트, 아돌프 로스, 르 꼬르뷔제, 그리고 미스 반 데 로에와 같이 다양한 건축가들로부터, 미스의 작품과 사유에 결정적 영향력을 행사했던 조금은 덜 알려진 제수이트 철학자 로마노 구아르디니(Romano Guardini)뿐 아니라, 벤야민, 게오르그 짐멜(Georg Simmel), 테오도르 아도르노(Theodor Adorno), 그리고 하이데거만큼이나 이데올로기적 유사성들이 수렴되지 않는 일반 지식인들까지 말이다. 이러한 비판적 지식계급의 범주는 2차 세계대전 이후 더 넓어져, 장 폴 샤르트르(Jean-Paul Sartre)와 같은 실존주의 사상가들, 그 이후 미셸 푸코(Michel Foucault)와 장 보드리야르(Jean Baudrillard)와 같은 프랑스 후기구조주의 철학자들, 그리고 마지막, 그중에서도 특히 "약한 사유"의 옹호가, 말하자면 하투니안(이 책 저자) 터널 끝의 열망의 빛인 것 같은 이탈리아 철학자 지안니 바티모(Gianni Vattimo)를 포함한다. 저자는, 여기서 언급할 수 없을 만큼 수많은 다른 사람들과 함께 이 모든 인물들을 논의하지만, 건축가 곳프리드 젬퍼와 아돌프 로스가, 사실 그의 주장의 주된 부담을 신는 두 인물로 표면화 된다. 젬퍼는 저자의 텍토닉 문화 일반론을, 그리고 로스는 저자가 자신의 전반적인 기획에 끌어들이는 크라우스(Kraus) 회의론을 위해서.

젬퍼는 고전 비트루비우스 삼위인 유용성(*utilitas*), 견고성(*firmitas*), 미(*venustas*)와 근본적으로 단절하는 까닭에, 그리고 비형식적인 사회문화론(토루, *화로*, *지붕*, 그리고 *칸막이벽*이라는 고대 요소들을 포함하는 **건축의 4요소**, *Four Elements of Architecture*)을 정형화하는 까닭에, 부인할 수 없이 중요한다. 젬퍼는, 이 마지막 요소의 직조된 비내력적 특성으로 인해, 유목문화의 다양한 사례들로부터 직물 생산의 우선성에 이르기까지, 그리고 인간과 건조형태(피복, Bekleidung)에 이르기까지, 그리고 종국적으로는 우주적 텍토닉 구축예술이 궁극적으로 토대를 둘 수밖에 없는 시원적 이음매로서의 매듭의 근본적인 결구에 이르기까지 거슬러 올라갔다. 젬퍼에게 텍토닉의 구조적 상징적 정수는 필연적으로, 회화와 조각이라는 형상 예술보다는 음악과 춤이라는 우주적 제의적 예술에 더 가까웠고, 이 구분은 의심할 바 없이, 생활세계(life-world)를 구축하는 과업과 기념비적 특성을 띤 건축(무덤과 기념비)의 기념의 역할을 로스가 후속적으로 구별하는 데 영감을 주었을 것이다.

로스에게 문화의 기술 세속화는, 다른 것들 중에서도 기독교 고딕전통의 절연을 수반했고, 이것이 초래한 효과는, 유진 비올레 르 뒤크(Eugene Viollet-le-Duc)로부터 안토니오 가우디에 이르기까지 모든 이들이 가장(假裝)하고 있는 유럽 구조주의 제1 현대 노선으로부터 로스를 멀어지게 하는 것이었다. 비록 로스가 미국 수공예운동, 그러니까 자신의 수많은 주택 내부에 퀸 앤 양식을 자유주의적-진보적 앵글로-아메리카 방식으로 차용했다손 치더라도, 그럼에도 불구하고 그는, 쉰켈과 신고전주의 형태를 최고로 존경하는 건축으로 되돌아봤다. 역사주의와 전위주의(avant-gardism)로부터 동등한 정도의 거리를 두었고, 전통 패러다임들을 새로운 생산수단의 관점에서 변형해야 할 필요에 사로잡혀 온 로스는, 불가피하고 자유롭게 해 주는듯한 기술의 추동을 끌어안으면서, 그와 동시에 전통을 유지하려는 곡예를 시도했다. 이러한 이분법적 태도는, 그의 아이러니한 금언들 중의 하나에 명백한데, 그는 거기서, 확실히 전통과 기술 양자에 동일하게 적용할 수 있는 소감 곧, "어떤 것을 창안하는 것은, 그것이 개선이 아니라면, 아무 의미도 없다"라고 일갈했다.

가짜 튜더왕조 보와 오크 판으로 가득 찬 리차드슨(Richardson) 주택 방식에 대한 로스의 섬세한 풍자는, 하투니안이 바티모를 인용하며 언급하듯, 이 안락한 내부들이 위안을 보장하면서도 그것을 뒤집는 결과로, 전통의 내용을 훼손함으로써 전통을 보존하곤 했다. 그러한 내부들은, 그것들이 항차 그저 어떤 종류의 무언가를 보장하는 무대장치로 기능하도록 되어 있다는 맥락에서, 게오르그 짐멜의 소외시키는 메트로폴리스를 말해준다. 가치로부터 자유로운 그 외부 벽은, 정방형 창들로 뚫려있고 모든 장식이 제거된 로스의 텅 빈 단색 정면에서 하나의 침묵하는 표현을 적절히 발견한다. 젬퍼의 **피복**(*Bekleidung*) 논제에 영향을 받은 로스는, 사물들이 작용하는 무대가 요구하는 파토스에 따라 입혀지거나 벗겨지게 될, 이미 정신분열증적인, 기계화된 메트로폴리스에 윤리적 니힐리즘을 부과하려고 시도했다. 그래서 모든 것들이 이미 자본주의 투기(이에 대해 로스는, 자신의 작품의 기저를 이루는 비판적 크라우스 입장을 드러내는 신비적 선언으로 대응했다)의 추상들로 환원되어버린 곳에서, 주택은 내부에서는 피복되겠지만, 외부에서는 피복되지 않을 것이다. "주택은 보수적이고 예술작품은 혁명적이다"라는 그의 유명한 슬로건은 이미, 자신의 작업이 양자의 혼합으로 간주되어야 한다는 사실을 암시한다. 그의 니힐리즘적 텅 빈 구문의 유일한 예외는 대개, 툭 트인 시골에 위치한 자신의 별장들을 위해 남겨둔 가짜 토착성이거나, 가끔 공공시설로 쓰이는 고전적 기념비성이었다.

하투니안은, 다른 환경에 처한 프랭크 로이드 라이트가, 소외된 이주자 중산층의 요구조건들을 완전히 다른 전략으로 만족시켰다고, 비범한 통찰로 언급한다.

> 라이트는 1893년부터 1910년까지, 초원 건축으로 알려진 은유적 언어를 규정했다. 이 시기를 라이트의 나머지 경력으로부터 구분시키는 것은, 전통을 새로운 수단과 재료로 고쳐 말하려는 시도다. 그는, 수공예운동 출신 건축가들과 달리, 결코 시골 농가를 동경한 적이 없다. . . . 라이트의 평면에서 십자 축은, 고전건축과 대조적으로, 정면성을 떠받치지도 않고, 균제적 질서도 개시하지 않는다. 라이트는 〈워드 윌리츠 주택(Ward Willitts)〉에서, 마치 유목민이 그것을 경험하고 있는 것 같은 근본적인 장소감을 불러일으킨다. 십자 축은 이러한 맥락에서, 대지의 자연적 실존의 추상적 재현, 곧 정위, 정주, 그리고 출발을 위한 장치다. . . . 중심은 거의 모든 평면에서 화로에 할당되는데, 거기서 화로의 온기를 통해 달성되는 안락은 일시적인 정주의 감정을 자극한다.

하투니안은 현대성의 역사를 되돌아보며, 철저히 후기 현대 문화적 전략으로 몽타주를 생각한다. 그러니까, 건축에서 연접적인만큼 영화에서는 이접적인, 그리고 역설적으로 그 역 또한 마찬가지인 그러한 것을 생각한다는 것이다. 그는 몽타주의 작용을 매개제로 보는데, 그것에 의해 기술이 만든 조작적 잠식과 변형에 직면해서 전통을 재해석할 수 있고, 따라서 *재수집*할 수 있다. 몽타주는, 하투니안이 "현재의 존재론"으로 식별하는 것을 진화시키는 과정에서, 미스 반 데 로에의 작업에서처럼, 혹은 이탈리아 건축가 까를로 스까르파(Carlo Scarpa)의 작품의 연접과 이접의 변증법에서처럼, 드러내는 만큼이나 은폐시킴으로써 진행된다.

스까르파의 작품은, 제작의 행위뿐 아니라 거의 거짓이라 말할 수 있는 기교의 창조도 가리키는 좀 더 부정적 함의를 뜻하는 "공작"이라는 낱말에 있는 모든 애매성을 드러낸다. 그것은, 드러나는 것이 정의상 어떤 은폐하기를 상호 전제하는, 하나의 탁월한 벽 덮기 건축이다. 이것은 그 자체로는 거의 새로운 것이 아니지만, 스까르파의 생산에서 독특한 것은, 한편에서 이국적 벽 덮기와 다른 한편에서 발가벗은 물성 간의 그러한 표현적 놀이가, 그 둘 간의, 과도하게 수사학적으로 정교하게 처리한 이음매나 솔기와 종종 결합되는 방식이다. 스까르파는 그로써, 구조와 장식이 동일한 움직임의 요체인 자신의 작업에 복잡한 담론을 생성한다. 하투니안에 따르면, 그러한 두 속성은, 오늘날 "우주"(cosmos)와 "화장품"(cosmetic)과 같은 그러한 평범한 낱말들에 반영되고 있는 합성어인, 우주와 장식 모두를 뜻하는 그리스 낱말 코스모스(*kos-*

mos)에 어원적으로 새겨져 있다. 하투니안이 표현하듯(그리고 여기서, 그는 스까르파를 언급하는 듯하다),

> 전통적으로, 건축의 상징적 기능은 건축의 기념비성의 한 속성으로, 고전 언어에 의해서, 확정적 보편성을 뜻했다. . . . 그러면서도, 재현적 내포가 "비워진" 기념비는 하나의 탁월한 장식으로, 그 중대성이 일련의 가치들의 고착에 있는 것이 아니라, 우리의 집단적 경험(젬퍼의 기교?)의 배경을 형성하는 사건의 발생을 가리켜, 복수적 해석을 생산하는 데 있다.

가치, 사건, 배경, 그리고 집단적 경험은, 사회적 제의와 삶의 경험, 달리 말해 거의 연극적인 것이라 말할 수 있는 건조형태의 어떤 프로그램적 명료성, 즉 스까르파가 특히 헌신한 것 같은 무제한적 표현성을 통해 건축을 필연적으로 성취하기를 제안하는 용어들이다. 그래서 "아직 파악되지 않은 것의 구축"은, 에른스트 블로흐(Ernst Bloch)가 다른 곳에서 좀 더 일반적으로 *투사된 희망*(*projected hope*)으로 특징짓곤 했던 일종의 의도적으로 미완성된 기술틀 지움의 사건인 하나의 영원한 연기(延期)의 상황에 기초를 두는 창조성을 전제하는 것으로 보일 듯하다. 이것이, 하투니안이 이론과 실천 양자의 관점에서 건축 현대성의 발전에 대해 재해석하면서 우리에게 남기는 장소다. 그것은, 그 자체로 항상 다시 읽고 다시 해석하기를 요구하는, 하나의 정확하고 박식하지만 제한 없는 재독(再讀)이다. 이 점에서 그것은 정의상 하나의 미완성작, 언젠가 새로운 형태의 윤리적 실천으로 여전히 입증될 수 있을 것에 관해 더 반성하기를 촉구하는 하나의 교육적 "아직 아님"이다.

케네스 프램프톤

서 론

이 작업의 목표는, 건축의 구축개념이 세속화 혹은 탈신화화해 온 과정을 탐색하는 것이다. 건축 논문들은 광범위하게 구축을 논의하지만, 그 구축의 의미가 *테크네*(*techne*)의 형이상학적 맥락에 의해 틀지워진 탓에, 인본주의 담론에서 논의된 미학가치와 기술규범의 무자비하고 일관된 체계에 순응하는 "제작" 개념을 지반으로 삼는다. 심지어 비트루비우스에 대한 로지에의 도전마저, 이론영역에 머물 수밖에 없었다. 로지에의 오두막은, 그 규범적 담론을 *테크네*의 아이디어와 융합만 시켰더라면, 건축텍토닉 형태를 달성해서 가치 영역과 구축의 경험적 측면의 상동관계를 표상할 수 있었을 것이다.

텍토닉에 관한 젬퍼의 아이디어들은, 의미와 구축 간의 파열을 시사한다. 젬퍼는 건축의 기원과 관련된 질문을, 네 가지 분리된 산업에서 주제가 형성되는 담론이 건축에 대한 인간형태 중심주의 서술을 대체할 만큼, 근본적으로 바꾸었다. 이것은 몽타주(*테크네*와 텍토닉 양자의 형이상학적 맥락을 약하게 하고, 가치와 경험의 자동화를 강조하는 사유하기와 만들기의 한 방식)를 예기(豫期)하는, 인본주의 담론의 일관된 전체성과 선형적 진보를 파괴하는 중요한 한 단계였다.

구축이라는 주제는 현재의 건축담론을 형성하는 입지를 차지하지 않는다. 이에 대한 부분적 원인은, 현재의 대부분의 이론들이, 19세기 중반 즈음에 전개된 현대성과 그 후차적 주제와 개념의 몇 측면들을 비판하는 데 쏠려있기 때문이다. 생산이 기계화되고 산업재료와 테크닉이 출현하면서, 건축생산을 실증주의로 이해하는 로지에의 시각에서 고딕건축을 읽을 수 있게 되었다. 절충양식을 높이 평가한 19세기는, 고전 언어의 상실이 불가피한 것으로 느껴지면서도 아직은 아무런 대안이 없는 건축사고의 상태를 반영했다. 이러한 역사의 지연은, 예컨대 빅토르 호르타(Victor Horta)와 프랭크 퍼니스(Frank Furness)가 철재기둥을 명료하게 한 상이한 방식들, 혹은 그 이후 르 꼬르뷔제가 그것을 추상시킨 방식들로 요약되었다. 지나간 것과 나타나게 될 것 간의 갭은, 고전 언어가 이미 증발한 *테크네* 개념의 확실한 종말을 표시하여, 건축가들이 형태(기하학)를 하나의 표현요소로 간주할 여지를 남겼다.

*테크네*는 기술의 그리스어로, "제작의 예술"을 뜻한다." 하이데거는 *테크네*를, "시적임과 드러냄," 양자로 정의한다. 역설처럼 보이는 이 정의에서, *테크네*는 도구와 공작만 지칭하는 것이 아니다. *테크네*는 근본적으로 가치의 세계에서의 도구와 공작의

위치를 뜻한다. *테크네*에 대한 이러한 독해는 비트루비우스의 **건축론**(*De Architectura*)에서 제시되었다. 비트루비우스는, 건축은 아무것도 더하거나 뺄 수 없을 때 통일성을 달성한다고 주장한다. 그래서 모든 고전 인공물에 실행된 삼분법적 구성 규범은, 하나의 순수한 미학적 범주일 뿐 아니라, 보기와 구축하기의 한 방식이기도 했다.

르네상스 건축가들은, 낱말 *테크네*에 성스러운 삶과 세속의 삶이라는 기독교적 이중성과 관계된 함의들을 부과했다. 이와 관련해 리니어먼트(윤곽)에 대한 알베르티의 담론이 생각난다. 알베르티에게 디자인과 구축은, 분리되면서도 상호 관련된 두 이슈였다. 구축은, 작업 수행에 필요한 모든 기예들을 구현하는 반면, 디자인 혹은 리니어먼트는 구축에 선행하며, 정확하고 엄밀한 디자인 외형을, 디자인을 구성하는 선과 각으로 구현한다.

알베르티의 구분은, 당대의 이론과 실천의 분열을 예고했다. 디자인과 구축의 이원성은 현대의 담론에도 만연해왔다. 그런데 이 이원성에 대한 19세기의 독해와 오늘날의 독해의 차이를 거론하지 않을 수 없다. 예컨대, 존 러스킨이나 비올레 르 뒤크는, "구축"이라는 낱말에 대한 로지에의 경험주의 해석을, 장식 혹은 양식이라는 되풀이되는 주제와 화해시키려고 할 수밖에 없었다. 장식과 구조의 관계에 관한 러스킨의 사유와, 건물의 외관은 건물의 구축을 표현해야 한다는 비올레 르 뒤크의 고집은, 사실 동일한 아이디어의 두 상이한 표현이다. 이 이후로 디자인은 이상적인 건축의 시적표현으로 간주되어 왔다. 19세기 건축가들은, 산업 재료와 산업 테크닉을 이용하기 위해, 그 분류 방식을 바꿀 수밖에 없었다.

이러한 언설의 변형은, 텍토닉에 관한 곳프리드 젬퍼의 사유를 이해하는 데 중요하다. 인본주의 문화를 초월하는 젬퍼의 담론을 고찰하게 하는, 그의 텍토닉의 정의에는 두 가지 논점이 있다. 첫째, 젬퍼는 전통적으로 건축을 재현예술로 분류한 것에 맞서서, 텍토닉을 음악과 춤과 유사한 우주적 예술로 간주했다. 둘째, 젬퍼는 자신의 시대의 역사주의와 유미주의를 비판하며, 텍토닉을 여타 인공 구축물들, 근본적으로는 도공, 목공, 석공, 그리고 직공이라는 네 가지 산업과 관련지었다. 건축생산은 이 관점에서 삶의 실존적 측면과 얽히게 되었다.

현재의 건축담론에서의 몽타주의 중요성은, 젬퍼의 사유, 그러니까 하나의 장소를 만드는 행위가 여타 산업들에서 발전된 테크닉들로부터 진화해 나왔다는 아이디어에서 유래한다. 몽타주는, 다양한 문화 인공물들의 생산과정이 공유한 제작방식일 뿐 아니라, 당대의 단편화 경험도 구현한다. 재생산의 기계화는, 구속(救贖)이라는 기독교 아이디어를 진보라는 아이디어로 대체한 세속화 과정에 전통을 처하게 하고서야, 건축기예를 포함한 전통을 전승할 수 있도록 해주었다. 몽타주는, 구축과 표상이라는 이원성의 형이상학의 내용을 박탈할 수 있는 담론을 허용한다. 몽타주는 그 텍토닉을 이접(離接), 곧 기호를 기표로부터 떼어놓는 약한 형태로 드러낸다. 기호와 기표 간에 그렇게 벌어진 갭은, 텍토닉을 의미심장한 공간의 구축으로 재코드화 할 주제의 양식을 제공한다.

이 책에 수집된 에세이들은, 구축의 세속화라는 주제를, 그것에 민감한 당대 건축가들의 사유와 작품을 통해 탐색한다. 에세이들은 연대순으로 배열되어 있지 않다. 실제로 제1장은 거의 최근에 썼다. 다른 장들은 본래 콘퍼런스나 저널을 위해 준비했고, 이 책을 위해 개정했다. 각 장들은 독립적으로 존재하지만, 기술, 구축, 그리고 재료에 관한 나의 집중이 분명해질 것이다. 그리고 세속화를 위한 사례를 옹호하는 데에는 지아니 바티모(Gianni Vattimo)에 대한 나의 빚이 명백할 것이다.

구축, 그리고 건축에 대한 그 시적 함의라는 주제는, 수년 동안 나의 관심사였다. 미스 반 데 로에와 젬퍼의 작품에 흥미를 가진 나는, 기술에 대한 질문을 경험주의 차원을 넘어서 추구하지 않을 수 없었다. 그러면서도 나는, 기술의 형이상학과 연관된 문제들에는 직접적으로 개입하지 않았다. 그래도 독자들은 여전히, 나 자신의 학문적 작업과 전문적 작업에 분명히 중요한 주제인, 철학과 비평의 건축적 함의들을 따라올 수 있을 것이다.

이 책의 장점은, 이 책 마지막 장의 제목 “아직 파악되지 않은 것의 구축”에 함축되어 있다. 이 에세이는, 블로흐의 방식으로 도래하도록 예정된 건축담론을 드러낸다. 바로 이것이, 기술 니힐리즘과 세속화 과정, 곧 상이한 형태로 가장(假裝)한 동일한 것의 영원회귀의 긍정적 열매라고 나는 믿는다. 마지막 장은, 당대건축 역사에서의 아돌프 로스의 입지를 상기시킴으로써, 마지막 논점에 응답한다. 나의 의도는 로스를 숭배하는 것이 아니다. 우리는 유토피아에 관한 현대담론의 경험을 맘에 간직한 채, 건축의 "죽음"(무덤과 기념비로 건축을 이관한 것)에 대한 로스의 예감의 견지에서, 건축의 포스트모던 상황을 이해할 수도 있겠다. 실제로, 로스를 넘어설 필요가 있다. 그러니까 기념비를, 권력이나 하나의 "역사적" 사건의 건축텍토닉 표상이 아니라, 사건 그 자체로서 파악할 필요가 있다는 것이다. 이것은 구축과 끌어모음의 행위로서, 그러한 건축은 재수집을 통해 가치 영역과 연관되지 않을까 싶다.

1장_몽타주

텍토닉 재코드화

테크네: 고전지혜의 시학

고전주의 건축담론에 "구조적 유용성"이라는 주제가 결핍된 것은, 의미와 작품 간의 존재론적 관계에 기인한다. 갈릴레오의 관찰과 데카르트의 회의(懷疑)라는 유산은, 고전사유와 인식론적으로 단절할 동기를 제공했다. 여기에 포함된 건축적 함의는, 실증주의 미 개념과 고전질서에 대한 새로운 이해였다. 짓기의 과정을 최종산물의 문화적 가치의 결정자로 탈바꿈시킨 공작의 개념[1)]은, 또 다른 중요한 한 결과였다. 실증주의 미 개념, 고전질서에 대한 새로운 이해, 그리고 공작 개념 이 셋은 모두, *테크네*라는 낱말이 의미했던, 양식과 구축의 관계에 대한 고전적 이해가 소멸되도록 도왔다.

17세기의 마지막 몇 십 년은, 파리 전통길드의 종말을 표시했다. 길드는 학술원에 의해, 그리고 건설공병단(Corps des Ponts et Chaussées)에 의해 대체되었다. 이것은 고전 건축담론의 수정을 향한 첫 단계였다. 그 이후 1756년, 건설공병단이 토목학교(Ecole des

Ponts et Chaussées)로 대체되면서, 공학과 건축이라는 두 학문이 분리되기 시작했다.

이 역사적 사건들은 건축지식에 큰 영향을 끼쳤다. 〈꽃의 성모교회(Santa Maria del Fiore)〉의 돔에 작업한 브루넬레스키(Filipo Brunelleschi)에 의해 이미 현실화된, 기계학과 교양학의 분리를 그러한 사건들이 확인시켜 주었던 것이다. 아르강(Giulio Argan)에 따르면, "그리하여, 사유 활동과 그것을 정확한 프로젝트로 번역하는 작업이라는 관념적 테크닉과, 그러한 계획안을 실행하는 것이 유일한 과업인 실행 작업의 뚜렷한 분화가 공고해졌다."[2] 이것은, 디자인과 구축 행위 간의 분리를 이해하는 당대의 중대한 단계였다.

19세기의 도덕적 기능주의자들과 그 모더니스트 계승자들은, 18세기 역학의 발전에 발맞추어 기계와 산업성과를 높이 평가했고, 건축생산을 기술에 의해 결정되는 디자인과 짓기의 한 과정으로 생각했다. 건축의 지위는 생산라인의 과정을 반영하여, 독일공작연맹(Werkbund)과 바우하우스 학파의 경우에서처럼, 기구(機具)의 지위로 축소되거나, 그 분야가 러시아 구성주의자들의 몇몇 사도들에 의해 공학과 동등한 것으로 잘못 가정되었다. "구조적 유용성"은 둘 모두의 접근방식에서 도구적인 것으로 간주되었다. 기둥, 보, 그리고 벽은 은유적 의미를 상실한 채, 표현의 의도에 복무하는 구조기법 수준으로 축소되었다. 진정, 현대건축에서 기술은, "구조적 유용성"의 두 극점 곧 숨김과 드러냄 간의 끊임없는 동요에 의해 상술된다. 양식과 구축의 관계는 어느 경우에서든 문제를 노정한다.

모더니스트의 사유에 대한 현재의 수정과 고심에 비추어 볼 때, 현대건축의 주된 노력은 고전 건축언어로부터 자유로워지기를 겨냥해 온 것이라고 주장할 수 있을 것이다.[3] 고전 건축언어의 구문은, 이성과 성스러운 계시 등의 개념에 상응하는 일군의 법칙과 원리에서 도래한다. 비트루비우스(Vitruvius)의 건축논문과 안드레아 팔라디오(Andrea Palladio)의 건축논문을 읽으면, 고전주의에 관한 건축담론에서 모더니즘을 해방시키는 데, 구조 테크닉의 도구적 관점이 결정적이었다는 것이 설득력을 가질 수도 있겠다.

고전사유의 중요한 한 측면은, 작품을 존재론적으로 이해하는 것이었다. 작품은 고전 건축담론에서, 사유하기와 행하기의 통일체로 개념 잡혀 있었다. 이론과 실천, 혹은 사유하기와 행하기의 일치는, 비트루비우스가 자신의 첫 권을 그 주제에 전념할 정도로 고전 건축지식에 중요했다. **건축론**(*De Architectura*)에서 우리는 다음을 읽는다. “모든 문제, 특히 건축에는, 두 사항 곧 의미를 부여받는 것과 의미를 부여하는 것이 있다. 의미를 부여받는 것이 우리가 지금 말하고자 하는 주제다. 그리고 의미를 부여하는 것은 과학 원리에 입각한 논증이다.”[4] 이 진술이 시사하는 것은, 고전 사유에서 건축은, 여타 자연 현상들처럼 주제와 일군의 원리들을 자체의 존재이유로 지닌, 그 자체가 하나의 학적 분과로 간주되었다는 것이다. 비트루비우스에 따르면, 건축가는 풍부한 건축 유형들의 보고(寶庫)를 제공하는 역사뿐 아니라, 재료들을 지배하는 물리 법칙들 또한 알아야 한다. 나는 비트루비우스의 삼위(三位)가, 건축의 미학적 기능에 관한 이론적 추상이 아니라는 점을 제시할 것이다. 오히려, *아름다움*(Venustas), *유용성*(utilitas) 그리고 *견고성*(firmitas)은, 양식을 중력의 법칙 그리고 재료의 특성과 통합시키는 건축 지식을 형성하는 주제들이다. 사실, 이것들은 구축의 우발적 현실을 변화시켜, 건물을 건축으로 고양시키는 하나의 개념적 방편을 제공한다. 그런데, 오두막이 신전으로 변형되는 것은 모방행위에서 기인하는 것이 아니다. 비트루비우스는 제의들을, 왕들과 지역들의 이름들을, 그리스 양식들의 신화적이자 시적 차원으로 언급한다.[5]

르네상스 건축가는 비트루비우스를, *건축론*(De re aedificatoria)에 나타나는 레온 바티스타 알베르티(Leon Battista Alberti) 담론의 관점에서 읽는다. 브루넬레스키가 건축가와 노동자를 분리하는 실용적 측면을 적시했지만, 이러한 역사 발전의 이론적 바탕을 정형화하는 것은 알베르티의 몫으로 남겨졌다. 알베르티는 리니어먼트(lineament, 윤곽)에 관한 자신의 담론에서 다음과 같이 제안한다. “건물의 모든 문제는 리니어먼트와 구조로 구성된다.” 그리고 계속하기를, 리니어먼트의 목적은, “건물의 표피를 한정하고 둘러싸는 선들과 각도들을 결합하고 함께 짜 맞추는, 정확하고 확실한 방식을 발견하는 데 있다."[6)] 구조와 외관의 구분은 서구건축의 문제거리로 남아있다. 우리는 리니어먼트에 대한 알베르티의 규정에서, 훗날 젬퍼(Semper)가 "피복"(clothing)이라 부르게 될 것의 어떤 기미들을 볼 수도 있겠다. 그럼에도 불구하고 이런 식의 유추는, 리니어먼트에 관한 알베르티 사고의 추상적 내용을 전달하지 못한다. 젬퍼의 담론이 시사하는 것은, 텍토닉은 건물의 구조적 요구와 건물의 피복을 통해 전개된다는 것이다. 그에 반해 리니어먼트는, 구조와 독립적으로 존재하고 재료와 아무 상관이 없다. 리니어먼트는 또한, 목적과 형태와도 무관 하다. 리니어먼트는, 재료와 구조를 경시한 채 디자인의 유일한 내용, 그러니까 "마음으로 사고되고, 선과 각도로 구성되며, 교육받은 지성과 상상력으로 완성되는, 정밀하고 정확한 윤곽"7)이 된다. 알베르티의 팔라초 루첼라이(Palazzo Rucellai) 디자인은 리니어먼트에 관한 그의 사유의 근본적 특징을 나타낸다(도판 1). 벽으로부터 기둥들을 분리시키는 선들, 창문 아치의 곡선들, 그리고 마지막으로 팔라초 루첼라이의 정면의 수평 띠들과 수직 띠들은, 마분지를 오려내어 구조물 위에 붙인 것 같다. 리니어먼트가 구조로부터 분리되는 것을 가장 확증시켜 주는 것은, 건물의 1층 바닥과 위층 바닥들의 상이한 분절이다. 그러나 건물구조에서 관찰자의 시선을 산만하게 만드는 그와 같은 추상적 개념의 선들의 차이는 르네상스 문화의 특이성을 긍정하는데, 르네상스 문화에서는 모든 인공물들이, 장 보드리야르(Jean Baudrillard)가 시

도판 1. 알베르티, 〈팔라쪼 루첼라이(Palazzo Rucellai)〉, 플로렌스, 1446-51.

뮬라크르의 "일차 질서"라 불렀던 것의 견지에서, 그러니까 본래적인 것 즉 구조는, 거짓된 것 즉 현상과 함께 살아가는 하나의 허위라는 견지에서[8)] 보였다.

몸과 물질의 존재론적 이중성은, 그리스도의 몸과 십자가의 일치성을 검토함으로써 더 탐구할 수 있을 것이다. 기독교 문화에서 중요한 성스러운 상징인 십자가는, 이러한 유추를 만들 때 전통적인 구축 담론에서 결정적 입지를 유지한다. 십자가의 건축적 의의는 이중적이다. 첫째, 십자가는, 구축과 장식의 교차와 관련될 수 있는, 몸과 물질 사이의 공간을 지칭한다. 그리스도의 몸은, 수난에 대한 십자가의 은유적 지시 이외에, 십자가에 부가된 하나의 장식으로 보일 수도 있다. 우리가, 그리스도의 형상이 수난을 상징하고, 하나의 장식으로서도 작용한다는 의미를 왜 부가시키는지 이해하면, 구축에서 발생했던 세속화 과정을 더 쉽게 터득할 수 있을 것이다. 장식은 "내재적이라기보다는 오히려"[9] 아름다움을 보완하는 하나의 보충이라고 한 알베르티의 주장을 고려해 보면, 우리 현대인이 고통을 제거하고, 건물 몸체에 덧붙이는 일체의 장식도 제거하려고 생각하는 것이 이해가 된다. 그러한 외과적 의도는, "장식은 죄악이다"라고 한 아돌프 로스의 논쟁적 주장에서 개화한다. 로스의 언명은, 비엔나 분리주의 경향에 대한 혐오를 드러낸 것만이 아니다. 그것은 더 중요하게, 문화 세속화의 보편적 과정에 관한 긍정적 반성으로 읽을 수 있는데, 이 계보는 십자가 자체의 현실화, 바로 그것에서 찾을 수 있을 것이다. 엘레인 스캐리(Elaine Scarry)에 따르면, 십자가는 하나님이 유일한 제작자라는 관점의 종말을 표시할 뿐 아니라, 물질문명의 도구와 구현에 대한 구성개념의 총체적 변화를 개시한다.[10] 나는, 문화적 탈신화화는 구축의 허무주의 담론도 표시한다고 주장할 것이다. 여기서 "허무주의"라는 낱말은, 문화생산의 모든 행위에 나타나듯, 문명이 성스러운 것의 영역으로부터 거리를 두는 것을 의미한다. 이것은 신성모독의 역사과정으로서, 그것을 통해 "모든 견고한 것이 공기로 녹아버린다."[11] 그러나 우리는, 칼 마르크스(Karl Marx) 언명의 부정적 함의를 넘어, 긍정적 측면도 지적할 수도 있겠다. 마르크스의 글이 가정하는 것은, 감성과 상상은 우리의 물질세계에 집단적으로 표현된다는 것이다.

> [한편으로,] "생산체계"는 상상력 그 자체의 "만들기" 행위의 구현이다(마치 그 이전의 저술들에서처럼 최초의 인공물 곧 신은 그 자체가 인간 창조력의 대상화로서, 그 힘의 모든 윤리적 요구조건들과 번쇄성이 시야에 온전히 드러난다). 다른 한편으로 그것은, 인간신체의 신진대사의 비밀과 유전자 비밀의 교묘한 확장이다.[12]

초기 기계화 과정 대신, 수공예 운동이 그러했던 것처럼 길드체제의 도덕적 가치로 피난할 구축 개념이나, 그렇지 않으면 기술의 구속(救贖)의 힘을 짐작해서 거대서사를 창안할 구축 개념에 관해 재고할 필요가 있다고 주장할 수도 있겠다. 이 명제는, 만약 구조로부터 디자인이 분리된 니힐리즘적 측면과 장식에 관한 질문을, 마르크스뿐 아니라 니체(Friedrich Nietzsche)도 낙인을 찍은, 서구 문화담론에 대한 긍정적 독해의 맥락 내에 위치시킨다면 시사적일 것이다.

십자가의 두 번째 의미는 유형학적 함의다. 르네상스의 문화담론은, 이러한 함축된 십자가의 의미를 조망할 입장에 있지 않았다. 문화가 유사성의 형이상학 안에서 이해된다면, 성스러움의 영역을 어떻게 벗어날 수 있겠는가? 심지어 비트루비우스의 이상적인 인간에 대한 르네상스의 재해석조차, "정방형, 원, 그리고 기타 등등의 산출자(產出者)와 건축형태의 연금술 모형과 원천"이라는 생각을 부과하지 않고서는 불가능했을 것이다.[13] 우리는, 원과 정방형의 상호작용에 집착하는 르네상스 십자가 형태표현의 출처를 추적해서, 그 건축언어를 프란체스코 디 지오르지오(Francesco di Giorgio)의 교회들과 팔라디오의 빌라들에서 발견할 수 있다. 팔라디오는 자신의 **건축사서**(*The Four Books of Architecture*)의 서문에서, *테크네*(*techne*)의 유형학적 중요성을 강조했다.[14] 그는 그리스 건축과 로마 건축을 관찰하면서, 모든 것이 이성과 아름다운 비례에 따른다는 것을 발견했다. 진정, 이 발견들은 팔라디오 건축담론의 모토가 되었다. "나는 그러므로, 자연의 이성에 더 대립해서 이룰 수 있는 것은 아무것도 알지 못한다." 팔라디오는 자신의 주장을 뒷받침해서 예술과 이성을 통합해야 할 필요를 언급한다. "비록 다양성과 새로운 것이 모든 사람들을 기쁘게 할 수 있을지언정, 그것들은 예술의 법칙에 시행되어서도, 이성의 명령에 거슬러 시행되어서도 안 된다."[15] 팔라디오는, *테크네*가 고전사유에서는 제작 로고스로 이해되었다는 것을 시사하고 있지 않은가? 이 로고스의 어떤 측면은, 내가 구축과 유형 간에 만들고자 하고 있는 연관성을 시사한다. 우리가 아렌트(Arendt)의 글에서 읽는 것은, 수공업은 기계화 이

전 시대의 지배적 공작방식으로서, 노동을 그 최종산물에 통합시켰다는 것이다. 그리고 작업은, 처음부터 생산품의 이미지를 마음속에 지녔던 장인에 의해 계획되고 실행되었다. 더구나 마음에서 이루어지는 계획은, "장인의 작업이 생각, 즉 작품이 끝나기 전까지 장인에 의해 응시되었던 모형에 의해 인도된 만큼이나, 공작의 내재적 요소로 여겨졌다."[16] 바꾸어 말하면, 인공물을 제작하는 테크닉은, 대상 그 자체의 이미지와 분리시켜 생각할 수 없다는 것이다. 그래서 작업은, 이해가 공유된 문화 유형에 의해 실행되었다고 말할 수 있을 것이다.

우리는 그러한 규범을 추구하면서, 질서란, 상이한 건축유형의 역사적 발전을 통해 진화해 온, 기둥과 보의 건축텍토닉 형상이라고 가정할 수도 있겠다. 비트루비우스에 따르면, 극장은, "내가 성소들의 사례에서 제시했던 균제와 비례와 동일한 규칙들을 따르지 않을 것이다. 왜냐하면, 신들의 사원들의 특질이 되어야 하는 존엄성은, 열주와 여타 공공 작품들의 우아성과 전혀 다른 사안이기 때문이다." 비트루비우스는 그 이후 자신의 독자들에게 다음과 같이 조언한다. "나머지 작업의 모듈 비례는, 신전의 경우에 제4권에 서술된 바처럼 수행케 하라."[17] 따라서 우리는, 비트루비우스의 논문은, 건축 유형학과 그 제작 로고스 간의 존재론적 관계의 이론적 공식화라고 진술할 수 있다. 건축에 관한 고전 텍스트에서 "벽의 양식", "기둥의 질서," 그리고 "재료의 특성"과 같은 개념들은, 그것들의 경험적 특성과 연관되어서가 아니라, 건축텍토닉 요소로서 동원된다. 고전 건축담론의 하나의 주제로서의 주식(柱式)의 현존은, 기둥과 보가 내력의 강제성에서 양식의 재현으로 변화하는 것을 뜻한다. 이에 관해 비트루비우스는, 오두막으로부터 사원으로의 변형은, 규정되지 않은 개념들로부터 확정된 균제 규칙들로의 역사적 이동을 드러낸다고 믿었다.[18)]

따라서 우리는, 고전 작업개념에서 *테크네*는 하나의 수단이 아니라, 수단과 목적의 통일을 뜻했다고 진술할 수 있다. 도구들, 재료들, 그리고 그것들의 사용에 관한 지식은, "현실들을 좀 더 완벽하게 반영하려는 노력에 복무"[19)]했다. 이러한 작업 개념은 예술과 과학의 독특한 담론을 나타낸다. 아그네스 헬러(Agnes Heller)에 따르면, 르네상스 시대의 예술과 과학은, 인간, 도구, 그리고 자연의 관계가 존재론적이었던 간(間)주관적 학습방식을 제공했다. 헬러의 주장의 중요한 함의는, 그러한 통일은 더 위대한 통합 곧 인간과 우주의 통합의 거울이었다는 것이다. 미셸 푸코(Michel Foucault)는 이러한 견해를 강조하면서, 유사성과 상사(相似)성이 르네상스의 두 중요한 지식형태였다고 주장한다. 그에 따르면, "기호들을 지배하는 법칙을 탐구하는 것은, 비슷한 기호들을 발견하는 것이다."[20)] 이것이 건축에서 뜻하는 것은, 건축요소들은 은유적으로 작용했을 것이라는 것이다. 그러니까, 고전의 유사성의 세계에서 기둥과 벽은 하중을 지지하는 효율성과 일치하지 않았다는 것이다. 그러한 구조요소들은 오히려, 자연과 인간 몸의 유사성에 의해 이해된 기호들로서 기능했다. 이런 식으로 상이한 현상들 간의 관계가 유사성을 통해 이해되어, 상이한 기능의 건축요소들에 대한 고전 건축가의 개념화 작업이 그 테크닉 지식과 통합되었다.

*테크네*를 제작 로고스로 이해하는 것은, 팔라디오 건축의 평면, 단면조직, 그리고 미학적 기능에 결정적이다. 팔라디오는 빌라 디자인에 대해 다음처럼 조언한다.

> "방들은 입구와 홀의 양측에 배분되어야 하고, 오른쪽 방들과 왼쪽 방들이 일치해서 그 짜임새가 한 장소가 다른 장소처럼 동일하도록, 그리고 벽들이 지붕 하중을 똑같이 부담하도록 준수해야 할 것이다. 만약 방들이 한 부분에서는 크게, 다른 부분에서는 작게 만들어진다면, 벽체들의 근접으로 인해 후자가 하중을 부담하기에 더 적절하게 되고 전자는 더 약해져, 때가 되면 상당한 폐를 끼쳐 작품 전체를 망칠 것이기 때문이다."[21]

그러므로 균제는, 팔라디오 빌라의 조직 원리로 사용될 때, 그저 하나의 미학적 방책이 아니었다고 가정할 수 있다. 인간의 몸과 우주질서의 비례들에 의해 유발된 팔라디오 건축의 균제는, 미와 공작 법칙들의 통합을 의미했다. 또한 팔라디오에게 평면 로고스는, 정면과 단면조직을 유발하기도 했다.

> 오른쪽 창들은 왼쪽 창들과 일치해야 하고, 바로 위에 있는 창들은 그 아래 창들과 일치해야 하며, 또 다른 창들도 그와 같이 되어, 공허부는 공허부 위에, 채워진 부분은 채워진 부분 위에, 모든 것이 서로 대면할 수 있게 해서, 집 한 쪽 끝에 서 있는 사람이 다른 쪽을 볼 수 있게 하는데, 이로써 여타 편의성 이외에 여름에 아름다움과 시원한 공기 양자를 다 제공한다.[22)]

건축을 그렇게 이해하여 패시어(fascia)와 코니스(cornice)를 디테일 장치로 적절히 사용하는 것은, 비례 잡힌 벽 세우기를 담보했고, "벽의 양 측면을 잡아주는 팔들"[23)]을 뜻했다. 팔라디오의 담론과 비트루비우스의 담론에서 *테크네*는, 비트루비우스의 신념에서 건축 텍토닉 표현을 달성하는, 작업과 의미의 존재론적 관계를 펼치는데, 비트루비우스의 신념에 따르면, 건축의 전체 통일성이 확보되는 것은, 아무 것도 더하거나 뺄 수 없을 때다(이것은, 모든 고전 인공물에 현존하는 삼분법적 구성 규범이, 순수한 미학적 범주일 뿐 아니라, 바라보고 구축하는 방식이기도 하다는 것을 뜻한다).[24)]

고전사유는, 현대를 특징지어온 잇따른 세속화 과정에 의해 그 토대가 훼손되었다. 세계에 대한 인류의 지각은, 망원경의 발명에 의해, 갈릴레오의 관측에 의해, 그리고 물리적 자연의 생명 과정을 향한 관심의 이동에 의해 변형되었다.[25)] 논리학에 대한 관심, 그리고 자연 현상과 문화 현상에 대한 분석적 접근은, 현대의 기본 특징이 되었다. 자연은, 17세기에 은유의 본질을 잃으면서,

측정 가능한 정량적 실체로 간주되었다. “자연에는 어떠한 위계도 없으며, 세계는 더 이상 인간을 위해 구축된 것으로, 혹은 인간의 척도로 나타나지 않는다고 선언되었다. 모든 현상은 모든 기계부품처럼 동일한 가치를 지닌다고 선언되었다.”[26] 더 나아가, 사람들은 데카르트의 회의의 영향 아래, 자신들의 초점을 대상들의 바깥 외양으로부터 그 은폐된 내재적 구조로 옮기기 시작했다. 17세기의 고전사유의 단절의 중대한 결과는, “무엇(what)”에서 “어떻게(how)” 즉 대상으로부터 과정으로의 관심의 이동이었다. 과정은, “본디 생산품 속으로 사라지는 공작과정이었고, 생산과정이 모든 대상의 실제적 존재에 필연적으로 앞선다는 것을 알았던 호모 파베르(homo faber, 공작인)의 경험에 기초했다.”[27] 이 지점에서부터 기술이 *테크네*를 대체하면서, 과정이 최종 산물을 지배한다. 작업과 의미의 통일성을 뜻한 *테크네*와 달리, 기술은 생산과정 이외에는 아무것도 참작하지 않는다.

건축담론에서는 고전사유의 단절로 인해, 고대인과 현대인 간의 논쟁이 개시되었다. 클로드 페로(Claude Perrault)는 고전 논문의 권위에 의문을 제기했다. 건축은 아무것도 가감될 수 없는 하나의 총체성이라는 생각이, 처음으로 도전받았다. 페로는 실증적 미와 자의적 미의 구분에 기초한 단순화된 질서를 제안했다. 제작 로고스는 이 구분으로 인해, 다양한 구축 테크닉들의 변천에 종속되었다. 이로써, 건축의 상징적 가치와 유추적 가치는, 주로 건물의 경험적 측면들, 즉 재료의 풍부성, 노동의 정교성, 그리고 규제와 관련된 이해방식에 자리를 내어주었다.[28] 이러한 분석적 관점은, 구축과 유형의 존재론적 관계의 토대를 훼손했다. 벽, 기둥, 보와 같은 건축요소들은 시적 형상을 상실했다. 그것들의 의미가 추상화되었던 것이다. 그러나 기존 관습의 한 측면으로 이해되었던 미는, 칸트의 숭고 그러니까 "자유로운" 자연미, 그리고 형식주의자의 자율성 개념의 실천에 그것이 포함된 영역에서 이론적 정당성을 찾았다.[29] 이러한 사유 노선은, 건축형태를 기능과 용도의 효율성에 기초해서 생각하고 분류한 듀랑(J. L. N. Durand)에 의해 극단까지 갔다. 듀랑은 건축유형을 구축의 절박성으로부터 떼어냄으로써, 모든 건축요소에 대한 추상적 이해를 제시했고, 각각의 요소를 다른 모든 요소들과의 경험적 관계 속에 입지시켰다. 그의 분석적 시각은, 건축언어의 자율성을 위해 건축에서 모든 모방적 영향을 일소시켰다.[30] 의미는 그 이후 형태 그 자체에 내재하는 것으로 생각되어, 그 자체의 구문의 역할 이외에 외부의 어떤 것도 언급하지 않는다.

갈릴레오는, 이러한 발전이 발생하기 훨씬 전에 기둥과 보의 관계를 탐색하고 있었다.[31] 디자인의 기계화 과정을 조사하면서 알렉산더 조니스(Alexander Tzonis)는, 재료와 구조적 효율성의 직접적 관계에 대한 갈릴레오의 관찰과 실험이, 현대 사고방식과 고대

사고방식 간의 단절의 결정적 요인이었다는 것에 주목했다.[32] 갈릴레오의 아이디어에 대한 반향은, 건축담론에서 곧바로 들을 수 있었다. 로지에는, 바로크 건축의 "남용들"을 비난하면서, 원시 오두막의 구조적이면서 형태적인 논리에 기초한 건축을 공리로 삼았다. 그는 "재료 선택과 효율적 사용"[33]이라는 관점에서 견실성을 주장했다. 로지에에게, "효율적 사용"이란 힘과 하중의 "올바른" 균형에 달렸다. 그가 발전시킨 건축담론은, 건축요소들의 중요성을 "구조적 유용성"[34]의 견지에서 규정했다. 그는, 볼트, 천장, 지붕은 건물의 하중이고, 벽은 그것들의 지지체라고 진술했다. 계획하는 건축가는, 지지력을 확실히 통제할 수 있도록 하중의 힘을 정확히 산정해야 한다.[35] 더구나, 로지에는 자연 대상물의 생명과정에 적용된 논리에 따라, 양식을 건물의 "본질"에 관계되는 선택으로 특징지었다. 이 모든 것은, 푸코가 고전담론 혹은 재현의 단절로 특징지었던 것을 예시했다. 그에 따르면, 18세기 지식의 일반적 영역은, "더 이상 동일성과 차이들의 영역, 비정량적 질서들의 영역이 아니라, 유기적 구조로 이루어진 영역 곧 그 전체가 하나의 기능을 수행하는 요소들 간의 내적 관계로 이루어진 영역이다."[36] 유기적 조직이라는 개념은, 전적으로 새로운 주제는 아니었다. 그러나 푸코에 따르면, 그 개념의 새로움은, 유기적 조직이라는 아이디어가 처음으로 성격을 규정하는 방법으로 기능하기 시작했다는 사실에 있다. 듀랑은 또다시, 푸코의 관찰을 건축담론으로 번역한다. "건물은, 사용하기 좋도록 운명 지어진 용도에 내맡기면, 자연스럽게 하나의 성격을, 그리고 더 중요하게는 그 자체의 성격을 갖지 않을까?"[37)]

우리는 푸코의 에피스템(역주: 지식을 가능하게 하는 조건)의 개념에 따라, 건축이 고전양식의 무게 아래 붕괴되려면, 실증적 미와 자의적 미라는 문제거리에 매몰되는 데 머물지 말고, 그 이상을 해야 한다고 주장할 수도 있겠다. 페로의 "고전적 교의"에 대한 반란은 관념의 영역에 머물렀다. 페로가 고전 건축언어의 한계를 넘어 자의적 미와 실증적 미를 볼 수 있는 곳에, 공간이 아직 구축되지 않았다. 건축을 고전시학으로부터 이유(離乳)시키기 위해서는, 특정한 개념적 불연속들과 과학적 진리들이 식별되어야 했다. 이러한 모순, 그리고 구축 개념의 차후의 발전에 대한 그 함의를 이해하기 위해 우리는, 에티엔느 루이 불레(Etienne-Louis Boulée)와 그의 건축이 지니는 특유의 입지를 인정해야 한다. 그의 건축에 그토록 지배적인 기하학은 표현적이긴 하지만, 고전건축에서처럼 일상생활과 성스러운 질서 간의 유사성이 아니었다. 불레의 기하학은 르네상스 용례를 반영하지도 않았다. 불레는 그 대신, 볼륨은, "전체를 구성하는 개별 요소들의 다양성을 우리가 한눈에 파악할 수 있도록 배열해야 한다"고 말했다. 그러한 결과는, 관찰자가 그 "성격"을 효과적으로 지각할 수 있는 건축물이다.[38)]

예를 들어 불레의 뉴튼 기념비 디자인에서, 구(球)는 플라톤적 관념의 영역에서 구체적 건축담론의 영역으로 자리를 바꾸었다. 이러한 형태 변형은, 혁명의 영혼을 위해 몸을 바치는 자기희생과 애국심을 예시하는 다비드(J. L. David)의 회화 **마라의 죽음**(*Death of Marat*)과 동일한 죽음의 주제에 관한 담론과 융합한다.[39] 몸과 영혼의 대화는 불레의 작품에서 건축텍토닉 언어를 달성했다. 뉴튼기념비에서는 성스러운 것이 죽음의 몸에서 제거되었다. 성스러운 것의 무게가 기하학의 가벼움 속으로 증발했다는 것이다. 이탈로 칼비노(Italo Calvino)가 언급한 바처럼, 뉴튼의 이론에서 "문학적 상상력을 가장 자극하는 것은, 모든 것과 모든 이를 그 자체의 불가피한 무게로 구속하는 것이 아니라, 오히려 천체들을 공간에 부유하게 할 수 있게 하는 힘의 균형이라는 것"[40]을 불레는 알고 있었는가? 불레의 부유하는 기하학은 자신의 건축을 고전건축과 구분시키지 않는가? 혹은 그의 담론은, 형태는 모두 자율적 건축의 주제라는 것을 가정하는가?

불레의 건축의 어떤 측면뿐 아니라 듀랑의 건축의 어떤 측면 또한, 이러한 질문들에 긍정적 응답을 제공한다. 뉴튼 기념비에서 내부와 외부의 관계는, 인간형태 중심주의 담론 내에서 문제가 되는 것이 아니라, 오히려 숭고성에 의해 틀지어진다. 안토니 비들러(Anthony Vidler)는 다음처럼 제안한다. "고전건축은 그 스스로를 결코 언어가 아니라 미의 법칙에 순응하는 짓기 체계로만 간주했는데, 이러한 생각은 이제, 건축을 표현으로 간주하는 생각에 의해 확실히 대체되었다.” 그리고 계속하기를, “구축을 위한 건축의 역할이 차츰 말하기를 위한 역할로 재구축되었다.”[41]

이러한 재구축은 또 다른 특성을 유지한다. 그러니까, 구축과 장식의 이분법을 문제 삼는다는 것이다. 우리는 또다시, 장식은 건물을 하나의 비범한 사건으로 고양시킨다는 알베르티의 제안을 떠올린다.[42] 불레는 이와 대조적으로, 디자인과 건물 간의 틈을 없애고, 자신의 기하학 구축물의 표현적 측면을 위한 여지를 만든다.

18세기 건축이 전통과 분리된 것은, 건축생산의 세속화로 향하는 또 다른 단계로 보아야 한다. 그런데 이 단절은, 온당한 양식에 대한 관심을 18세기 태도의 전형적 태도로 만든 불안의 상태를 예시했다. 로지에가 정의한 양식은, 건물의 “목적”의 한 측면으로 이해되었다. 그러나 초기 모더니즘의 담론에서 기술은, 모든 문화적 가치를 초월했다. 기술은 합리적 행위를 보장하는 수단을 뜻했던 것이다. 아이러니하게도, 기술은 그 발전 과정에서 제작 과정으로서뿐 아니라, 더 중요하게 건물 그 자체의 “목적”으로서도 규정되어, 주제의 은유 영역을 바꾸었다.

텍토닉: 구축과 의미의 사이존재

텍토닉의 개념은 당대 건축이론에 필수적인 것으로 변했다. 텍토닉의 변천을 그려내기 위해 우리는, 19세기 건축가들이 철 프레임을 석조 구축에 통합시키는 것을 높이 평가한 것에 대해 논의할 필요가 있다. 비록 *테크네*의 시학이 이미 로지에에 의해 배경으로 밀려났지만, 비올레 르 뒤크(Viollet-le-Duc)는 고딕건축의 리니어먼트와 재료의 이중성에 대한 자신의 독해를 여전히 틀지울 수 있었다. 위베르 다미쉬(Hubert Damisch)는, 비올레 르 뒤크의 **사전**(*Dictionary*)에 대해 구조주의 독해를 제시한다.[43] 그가 주장컨대, 상이한 건축요소들과 그 형태론적 발전에 대한 비올레 르 뒤크의 분석은, 건축의 전체와 부분의 관계에 대한 구조주의 해석을 시사한다. 비올레 르 뒤크는 그 당시 우세하던 관학적 관점을 넘어, 형태와 구축의 이중성을, 전체와 부분의 관계와 유사한 것으로 시각화했다. 따라서 그는 고딕건축에서, 석재와 모르타르라는 실재를 본 것이 아니라, 오히려 낱말의 구조주의적 의미에서 하나의 모형을 보았다. 다미쉬가 주목하기에, "석재 구조물 위에 그물처럼 쳐진 가시적 골격, 늑재(肋材)의 창 장식 격자, 그리고 현저한 특징들은 . . . 관찰자에게, 확실히 구축이론에 맞아떨어지지 않는 어떤 구조주의 도식을 즉각 시사한다."[44] 다미쉬는, 비올레 르 뒤크에게 건축의 진리는, 재료의 경험적 현실도 구성 형태도 아니라, 형태와 실체 혹은 건축과 구축 그 사이 어딘가에 존재한다고 결론 내린다.

칼 뵈티허(Karl Botticher)는 변증법이 건축사에서도 작동한다고 지적한다. 뵈티허는 그리스건축과 고딕건축 추종자들과 대조적으로, "앞 선 두 양식들을 거부하면서, 그 둘보다 더 높은 단계인 세

번째 발전단계를 점유하기 위해 그 둘 모두의 업적들을 바탕으로 삼을"[45] 제 삼의 양식을 주창했다. 이와 동일한 변증법적 접근이, 비올레 르 뒤크의 고딕건축 독해에서 제안되었는데, 그 독해에 따르면 고딕건축에는, "그리스인들의 구조 정형화 천재성과 로마인들의 프로그램 계획 재능"만 작용한 것이 아니라, 그가 말하고 싶은 것처럼 "제 1의 구축의 선들" 또한 리브(rib)들의 종합에서 진화되어 나와, 오로지 폐합만 제공하는 수직 지지체와 벽들을 대행했다.[46] 비올레 르 뒤크는 19세기 건축의 온당한 모형을 고딕에서 발견했다. 그는 그로써, 전통적인 석조 구축을, 철 프레임이 제시한 구조적 가능성과 연관시켜 재고(再考)할 수 있었다.

그의 모형은 19세기 건축에 새로운 장을 열었는데, 19세기 건축언어는 비트루비우스 담론을 수정한 보자르(Beaux Arts)에 한정되거나, 존 팍스톤(John Paxton)이 〈수정궁(Crystal Palace)〉에서 그랬던 것처럼, 유리와 철 프레임의 사실성을 당연시했다. 우리가 토루(土壘)와 뼈대의 관계에 대한 젬퍼의 사유를 상기하면, 전통 석조 구축과 철 프레임 구조의 결합에 대한 비올레 르 뒤크의 관심이 중요하게 된다. 텍토닉 논의에 또한 중요한 것은 이음매에 대한 생각인데, 이음매는 석조 체계와 프레임 체계의 모든 건축텍토닉 분절, 소위 프람프톤이 관찰하듯, "조립식 내화철근 부품을 텍토닉으로 수용할 준비가 된 석조 쉘에 그것을 삽입하는 작업"[47]에 작동한다. 이러한 "준비"에서 이음매는, 러스킨과는 반대로, "부착"

[48]이 아니라 텍토닉 형태의 필수적 부분이 되는 하나의 장식으로 기능하기 위해 만들어진다. 비올레 르 뒤크는 자신의 이론의 그러한 측면을 알고 있었던 듯하다. 그는, 장식은 동원하는 재료와 일관성을 지녀야 하고, 구조와 최초의 프로그램 개념과 조화를 이루어야 한다고 분명하게 진술했다.[49] 이러한 말들은 건축과 건물 간의 갭의 봉합을 시사하는데, 이 주제는 러스킨의 **건축의 칠 등**(*Seven Lamps of Architecture*)의 첫 페이지를 차지할 만큼 흥미로운 주제다. 러스킨은 우리에게 다음을 상기시킨다. "모든 탐구의 시작에는 건축과 건물을 사려있게 구분하는 것이 매우 필요하다." 그리고 다음처럼 계속한다. "그러므로 건축이라는 이름을, 건물의 필연성과 일반적 사용을 작업의 조건으로 취하고 수용해서, 존경할 만하거나 아름다운, 그러나 그렇지 않으면 불필요한 어떤 성격을 그 형태에 인상 지우는 예술에 즉시 한정하도록 하자."[50] 비올레 르 뒤크는, 장식은 "건축의 특징을 이루는 구조가 장식을 구성할 때" 잘 규정된 입지를 점유한다고 주장함으로써, 장식이 하나의 보충물이라는 아이디어를 피한다. 구축 논리와 장식화의 관계에 대한 그러한 존재론적 이해는, 베니스의 공작(公爵) 궁(宮)에 대한 비올레 르 뒤크의 해석에 작동한다. 정면을 바라보면서, 비올레 르 뒤크가 묻는다. "하부 포티코가 볼트로 이루어져 있다는 것, 그리고 상부 포티코는 목재 바닥(위쪽 아파트 바닥)을 지지한다는 것, 그리고 이 아파트의 천장이 목재라는 것 등을 보지 못하는가? 큰

창 구멍들이 뚫린 상자에 지나지 않는 상부 층에는, 돌출 부벽이나 벽기둥이 전혀 없어."[51] 나는 곧 이음매와 그 텍토닉 의미라는 아이디어로 돌아올 것이다. 그러나 이 시점에서는 다음을 강조해야 한다. 이 논의는 젬퍼를 비올레 르 뒤크의 노선에 위치시키는 것이 아니라는 것 말이다. 오히려 젬퍼는, 19세기의 문제뿐 아니라 비올레 르 뒤크의 바로 그 구조주의 사고로부터도 이탈한다. 비록 여기서 비올레 르 뒤크가 텍토닉에 대한 물음을 명확하게 하는 용어들로 논한 바가 전혀 없다손 치더라도, 비올레 르 뒤크의 건축이론과 19세기 여타 중요 건축이론들 간에 어떤 상동(相同) 관계를 발견할 것이다. "최상의 건축은 장식을 구조로부터 분리할 수 없는 건축이다"라는 비올레 르 뒤크의 견해조차, 건축생산의 도덕적 이슈에 대한 러스킨의 관심과 연관될 수 있다. 타당한 디테일은 구조적으로도 중요한 디테일이라는 퓨진의 주장 또한, 이 연결에서 생각난다.[52] 19세기 건축가들은, 새로운 빌딩 유형과 기술뿐 아니라 역사의 상실이라는 바로 그 아이디어에도 응답할 수 있는 건축이론을 정형화하기 위해서는, 건축의 상징적 요소를 어둠 속에 밀쳐둘 필요가 있다는 것을 알았다. 사실, 양식에 대한 19세기의 열망의 대부분은, 그러한 관심 주제의 이동의 표현에 불과했다. 비올레 르 뒤크의 담론이 중요한 것은, 건축은 모방예술이 아니라는 자신의 믿음뿐 아니라 그것이 텍토닉에 대한 아이디어를 시사하기 때문이다. 비올레 르 뒤크는, 양식은 건물을 덮는 의복이 아니라고 말함으로써(선풍적이고 시각적인 내용으로 인해 때때로 오용될 수도 있는 진술), 건축가의 심리를 음악가의 심리와 관계시킨 젬퍼에 근접했다.[53] 그렇지만 젬퍼 담론의 공간성, 그러니까 건축의 한계를 다른 생산행위들 가운데에서 나타낸 방식(건축을 고전 토대로부터 옮기는 입장)은, 그를 현재의 탈구조주의 사유와 같은 선상에 위치시킨다.

이제, 주체의 죽음과 시뮬라시옹에 의해 표시되는 역사적 순간에, 왜 젬퍼의 텍토닉을 언급해야 하는가?[54] 프람프톤은 이미 대안 건축이론을 위해 텍토닉의 중요성을 논의한 바 있다.[55] 그러나 내가 의도하는 것은, 진정한 전통경험의 가능성에 대한 발터 벤야민(Walter Benjamin)의 불신의 시각에서 젬퍼를 읽는 것이다. 이것은 자의적 병치가 아니다. 나의 주장은 다음과 같다. 벤야민이 나중에 생산과정의 기계화의 맥락에서 아우라의 소멸이라 부르게 될 것을, 젬퍼의 사유가 어느 정도 시사한다는 것이다.[56]

벤야민은 자신의 에세이 **이야기꾼**(*The Storyteller*)에서, 소설의 형태가, 현대적인 개념의 경험을 반영하기 위해 역사적 사건들을 배열하는 특이한 방식을 우리에게 상기시킨다.[57] 벤야민에게 이야기하기는, 개인과 집단 간의 경험의 교환이 정보에 의해 아직 오염되지 않은 망에서 발생한다. 벤야민은, 이야기꾼과 청자들 간의 이러한 상호연결이 환경에서 생긴다고 믿는다. “전술 전쟁에 따른 전략 경험, 인플레이션에 따른 경제 경험 . . . 그리고 기계

전쟁에 따른 육체적 경험보다 더 철저하게 모순되는 경험은 결코 없었다."[58] 벤야민에게 일상생활에 침범하는 충격적이고 폭력적인 메트로폴리스 경험은, 인간경험의 총체적 구조를 변형시켜 왔다. 따라서 생산 기계화는, 건축 수공업을 포함하여 전통을, 손에서 손으로, 구술(口述)로써 전승할 수 없게 만들었다. 이와 대조적으로, 고전 건축언어의 죽음은 단편화의 상태를 증언하는데, 전통은 거기서 오직 고립된 경험으로만 기억될 수 있다. 내가 젬퍼의 사유를 후기구조주의 담론과 관련시키고자 하는 것은, 그러한 마지막 논점 곧 전통의 가치절하와 그로 인해 초래되는 기억의 붕괴다.

젬퍼는 **과학, 산업 그리고 예술**(*Science, Industry, and Arts*)에서, 건축은 고전의 총체성을 상실한 까닭에, 하나의 중심을 둘러싸고 발전하는 일관된 지식의 집체를 생각하는 것이 거의 불가능하다고 제시했다. 그는, "고급" 예술의 진화의 원천을 서로 상충되고 이질적인 수많은 동기들에서 추적하면서, "건축은 자신의 왕좌에서 물러나, 저잣거리에 가서 거기서 가르치고 배워야 한다고 제안했다."[59] 젬퍼는 그리하여 신 전위주의와 어느 정도 유사한 허무주의 담론을 펼친다. 자본주의의 이형(異形)들을 인식한 젬퍼는, 문화세속화의 과정을 자신의 이론의 비판적 출발점으로 고려하지 않을 수 없었다. 젬퍼는 수공업과 고딕 길드의 생존을 향수적으로 꿈꾸었던 자신의 동시대인들에 맞서, "이러한 현존하는 예술 형식의 붕괴과정은, 훌륭하고 새로운 어떤 것이 발생하기 전에 산업에 의해, 투기에 의해, 그리고 응용과학에 의해 완수되어야 한다."[60]고 제시했다.

그러나 젬퍼는 "새로운 것"을 해석학적으로 이해하는 까닭에, 역사를 혐오하는 일반적인 모더니스트들과 거리를 둔다. 실제로 나는, 새로운 것에 대한 젬퍼의 개념은 그의 사유의 공간성의 본질적인 부분이라는 것을 제안하곤 했다. 젬퍼는 전통 예술형태들이 사라지는 것을 목격하며, 원(原) 형태(ur-form)들을 새로운 테크닉들과 재료들과 통합시키는 이론을 그려내었다.[61] 그의 이론적 과제는, 역사주의의 한계를 초월할 방법을 발견하는 것이었다. 우리는 **건축의 4요소**(*The Four Elements of Architecture*)에서, 건축이 네 가지 분화된 산업 경험에서 전개되어 나왔다고 제안할 때, 해체가 작동하는 감각으로 유혹받는다. 이것은 두 원시 거주형태를, 다시 말해 토루 혹은 건물을 받아들이는 부지를 표시하는 행위(이로써 중력의 힘들에 응전하고, 그것을 틀지움의 행위로 건축텍토닉으로 실현하는 행위)와 뼈대, 그러니까 무거움과 가벼움, 폐합과 개방간의 모순이 예술적으로 명료하게 되는 하나의 세부절차를 건축지식의 토대로 삼는다. 그래서 젬퍼는, 이성 중심주의의 곤경을 예상하고, 건축이 역사주의의 대지에서 풀려나 문화 세속화의 역학 아래 놓일 수 있도록, "공간성"을 개방한다. 충분히 흥미롭게도, 그러한 개방은 대중매체 기술의 스크린에서 인식가능한 공간적 투명성과 공명한다.

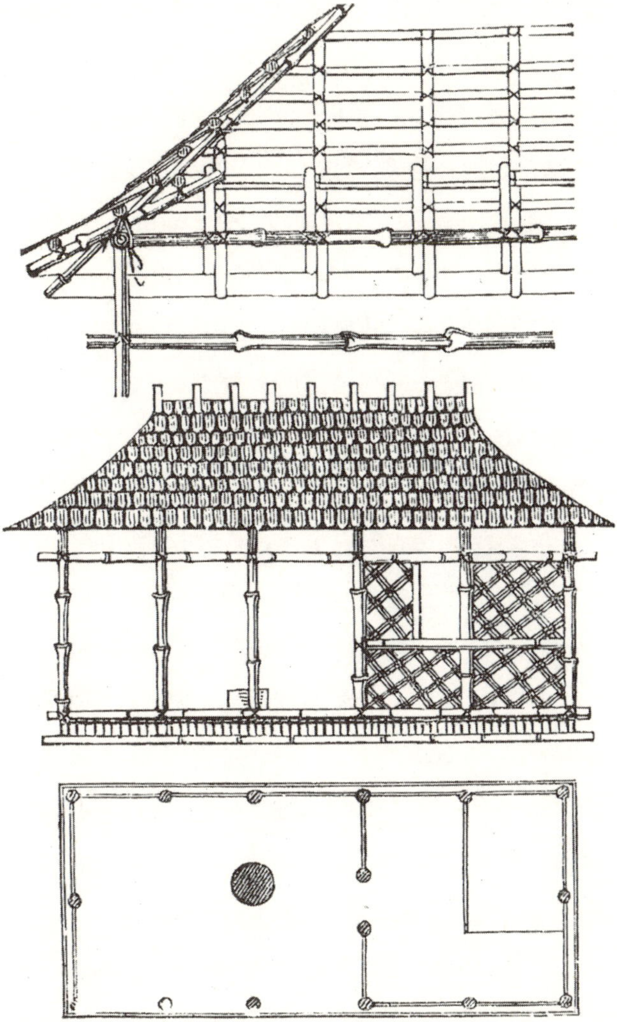

도판 2. 1851년 런던 만국박람회에서 전시된 오두막.

도공(陶工), 목공, 석공, 그리고 직공(織工)은, 건축의 네 요소에 해당하는 네 가지 산업예술이다(도판 2). 화로 혹은 중심은, 그 형태와 아이디어를 도공과 금공(金工)에서 도출한다. 지붕, 토루(테라스), 그리고 폐합은 목공, 석공, 직공에서 각기 발전된 기능에 관계되었다. 이 요소들 중, 화로와 지붕이 최초 주거형태의 본질적 부분이다. 여기서 젬퍼의 주된 목적은, 그리스 건축의 다색(多色) 특징에 대한 그의 주장을 뒷받침하는 것이었다. 그는 폐합 그리고 폐합과 카펫의 연관성이 지니는, 공간 한정과 공간 분할의 중요성을 강조했다. 그는 다음과 같이 주장했다. 가는 가지로 엮는 세공이 "벽의 본질이었다." 그리고 각주에서 계속하기를, "독일어 *반트*(Wand), *파리스*(paries)는 어원을 나타낸다. *반트(벽)*와 *게반트*(Gewand, 옷)는 하나의 어근에서 유래한다. 이것들은 벽을 형성한 직조된 물질을 가리킨다."[62] 젬퍼가 보기에, 유약과 페인트가 칠해진 고대건축의 벽은, 석조 벽에 걸려있는 카펫의 짜임새를 나타내었다. 매달린 카펫과 보호벽의 관계에 대한 젬퍼의 논의가 내부로부터 방향 잡혀 있는 것이 흥미롭다. "매달린 카펫은 진정한 벽, 공간의 가시적 경계로 남아 있다. 카펫 *뒤에* 종종 견고한 벽이 필요했던 것은, 공간의 창조와 무관했다. 그것은 안전을 위해, 하중을 지지하기 위해, 내구성을 위해, 기타 등등을 위해 필요했다."[63]

"뒤"라는 낱말은 두 가지 논점을 제기한다. 우리는 젬퍼를 읽을 때, 내부-외부 혹은 젬퍼가 나중에 표현하듯, *코아-형태*

(Kernform)와 *예술-형태*(Kunstform)의 중요성을 피할 수 없다. 그에게 건축의 도덕적 측면은, 코아-형태인 화로였다. 실제로 모든 서구 건축은, 아시아의 둘러싸인 정원건축의 상이한 텍토닉 형태들만 보여줄 뿐이다. "피라미드는 실제로 의도된 목적 그러니까 무덤이나 사원을 위한 거대한 하부구조에 불과하다." 젬퍼는, 볼트로 덮인 바실리카인 고딕 대성당에 대해서 뿐 아니라 그리스 신전에 대해서도 동일한 독해, 그러니까 "높은 지붕을 둠으로써 내부화된 중앙 개방공간을 지닌 중정"이라는 해석을 제시한다."[64] 그러나 이러한 화로의 존중으로 인해, 젬퍼의 담론이, 건축을 형태 자체나 순수예술과 유사한 하나의 미학적 대상으로 간주하는 르네상스의 원근법적 시각을 넘어서는 곳에 위치된다.

그러나 인본주의 담론에서의 젬퍼의 이탈은 총체적인 것이 아니었다. 젬퍼는 피복(Bekleidung)에 대한 생각을 그려내면서, 화가를 위한 여지를 좀 남긴다. 젬퍼는 벽의 본디 의미를 보존하기 위해서는, 벽 안팎을 모두 페인트로 피복하는 것을 피해서는 안 된다고 제시한다. 우리는, 로스의 텍스트 **피복 원리**(*Das Prinzip der Bekleidung*) 혹은 위글리가 르 꼬르뷔제의 백색건축과 젬퍼의 피복을 최근에 결부시킨 것을 떠올린다.[65] 로스가, 화로, 내부, 그리고 내부와 외부의 관계 등의 중요성을 강조하는 젬퍼에 충실히 머문 반면, 위글리는 다음과 같이 말하는 젬퍼의 아이디어에 자극받은 듯하다. "고대의 다색성(多色性)은, 로마인들의 도래로 벽의 재료와 구축이 고도의 예술적 가치를 회복하면서, 역사적 토대를 상실했다. 재료와 구축은 더 이상 봉사만 하면서 칸막이벽(Scheerwand) 뒤에 숨겨진 특징을 경시하지 않는다. 그것들은 형태를 창조하거나 적어도 형태에 영향을 끼치기 시작했다."[66] 피복 아이디어가 건축의 물질적 토대를 부인하는 것은 사실이지만, 젬퍼의 그리스 기둥 해석이 시사하듯, 피복 아이디어의 최종 형태는 "기둥의 물질적 토대를 부정하면서도, 그것의 정역학적 역할을"[67] 상징적으로 명료하게 하면서 은폐시킨다. 만약 이것이 비텍토닉 형태와 텍토닉 형태의 구분에 대한 그럴듯한 진술이라고 한다면, 르 꼬르뷔제의 백색건축이 어떻게 코아-형태와 예술-형태의 상징적 관계로부터 진화해 나오는지 이해하기 어렵다.

볼프강 헤르망(Wolfgang Hermann)이 제시하는 바에 따르면, 텍토닉은 젬퍼가 뵈티허(Botticher)를 읽은 시점부터 젬퍼 사유의 중요한 주제였는데, 뵈티허는, 새로운 양식을 지지하는 19세기 옹호자들 가운데 홀로 그리스-고딕 건축 원리의 종합을 주장했다. 헤르망에 따르면, 이 새로운 양식은 돌이나 여타 인습적 재료들로부터 생겨날 수 없었는데, 그 주된 원인은 그러한 재료들의 구조적, 공간적 잠재성들이 이미 고갈되었기 때문이다.[68] 뵈티허는 비올레르 뒤크처럼 철과 그 구조 원리에 관심을 가져, 공간을 덮는 새로운 체계를 탐색했다. 공간을 덮는 수단은, 코아-형태와 예술-형태에 관한 뵈티허 담론의 정수였다. 그가 주장컨대, 모든 양식에서 "덮기는, 공간을 폐합하는, 그리고 종국적으로 모든 부재의 예술-형태가 공간과 관계되도록 하는 벽의 배열과 분절뿐 아니라, 구조 지지체의 위치와 형상까지 결정하게 하는 요인이다."[69] 공간을 폐합하는 체계에 어떻게 온당한 형태 혹은 뵈티허의 말로 "일종의 설명의 층위"를 부여할 것인가가, 텍토닉 형태의 출발점이다. 이 맥락에서 예술-형태는, 건축가의 주체의 의도를 재현하지도, 구조체계의 물리성을 표현하지도 않는다. 예술-형태의 의도는 오히려, "순수한 구조 상태에서는 지각될 수 없는 구조와 공간의 개념을 상징하는"[70] 것이다. 젬퍼는 예술-형태와 코아-형태에 관한 뵈티허의 고찰에서 끌어와, 텍토닉을 음악과 춤에 유사한 우주적 예술로 정의한다. "텍토닉은 인간의 예술적 기예의 산물을 다루는데, 실용적 측면이 아니라, 재료를 빚으면서 우주 법칙과 우주 질서를 표현하고자 하는 직공의 의식적인 노력을 드러내는 그러한 부분만 다룬다."[71] 이 점에서 예술-형태는, 코아-형태와 상관없는 미학 형태로 표현되지 않는다. 오히려 젬퍼는, 그가 헬레니즘 예술에 대해 논평하듯, 예술-형태를 코아-형태와 관계된 것으로서, 그러니까 "*구조적-기술적 의미라기보다 구조적-상징적 의미*"[72]로 드러낸다.

뵈티허와 젬퍼가 논의한 구조적-상징적 관계는, 젬퍼의 피복이론과 그것이 건축과 맺는 긴밀한 연결의 의미를 암시한다. 그것은 또한, 최종 작업에서 벽(혹은 여타 모든 내력 체계)의 구조기능과 벽의 "드러난 시학(詩學)"(프람프톤이 만든 용어)을 명료하게 한다. 이것은 "표면을 조각과 그림에 쏠려 꾸미는 장식유형"에 제한되지 않고, "본질적으로 대체로 예술-형태를 좌우한다." 젬퍼는 다음과 같이 쓴다. 그리스 건축에서 "*예술-형태와 장식 양자는, 표면피복 원리의 영향에 의해 너무나 밀접하게 묶여 있어서, 둘 중 하나를 바라보는 고립된 시선은 불가능하다.*"[73] 이것은, 구축에 대한 비올레 르 뒤크의 실증주의 해석, 그리고 장식을 부가물로 해석하는 인본주의 전통을 훨씬 뛰어넘는다. 비올레 르 뒤크에게 형태는, 구축과 재료의 실현이다. 그런데 젬퍼에게 텍토닉은, 재료의 변형으로부터, 그리고 의상과 축제 구조물 양자에서 이미 작용하고 있던 솜씨들로부터 진화되어 나온다(도판 3). 이러한 변용 혹은 젬퍼의 용어로 스토프벨히젤(*Stoffwelchsel*)에서는 (본디 직물 매듭에서 유래한) 이음매가 필수적 역할을 한다(도판 4). 실제로 이음매는 분리할 수 없는 텍토닉 형태의 한 부분이다. 그것은 우리의 시선을 표면으로 향하게 하는데, 재료의 속성이나 구축의 물질성을 표현하기 위해서가 아니라, 폐합 고유의 본질과 폐합된 공간의 특징을 펼치기 위해서다. 우리는 텍토닉 형태에서의 이음매의 중요성을, 르네상스 건축에서의 십자가의 상징적 의의와 형이상학적 함의에 비교할 수 있다. 이러한 형이상학에 대한 우리의 이해 바로 그것이, 물질과 몸을 결합한다고 말할 수 있을 이음매의 개념에 시사되어 있다는 것을 강조해야 한다. 구축과 파악하기

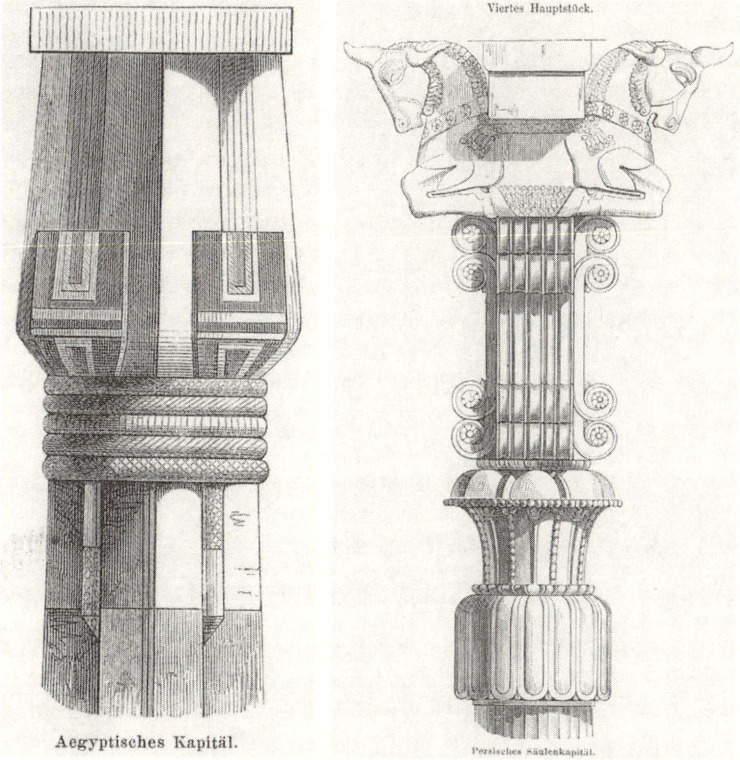

도판 3. 연꽃이 삽입된 이집트 주두(柱頭)와 아시리아의 속이 빈 구조물을 모사하는 소용돌이 장식이 있는 페르시아 주두(柱頭).

도판 4. 매듭들.

의 일치는 건축생산에서 필수적이다. 마르코 프라스카리(Marco Frascari)에 따르면, 우리는 디테일을 통해 "의미화 과정, 즉 인간 생산품에 대한 의미부여를 볼 수 있다. 그래서 디테일이란 지식이 하나의 심급이 되는 장소로서, 거기서 우리 마음은 그 자신의 만들기 즉 로고스를 발견한다." [74)]

다음의 몽타주 논의를 이해하는 데 중요한, 방금 고찰한 아이디어에는 이음매 이외에도 두 다른 측면이 존재한다. 첫째, 건축생산을 다른 산업들에서 발전된 테크닉의 관계에서 보는 젬퍼사유의 포괄적 구조가 있다. "필연성과 전통에 의해 신성화된 옛 형태들을, 어떻게 우리의 새로운 공작 방법에 따라 바꾸는가"는, 텍토닉에 관한 젬퍼의 모토가 된다. 젬퍼는, 건물이 더 큰 현실의 한 단편이라는, 연관적 건축의미를 제의한다. 건물은 삶의 조건들의 구축이 된다. 달리 말해, 다양한 산업들의 상호소통은, 하이린히 후브쉬(Heinrich Hubsch)가 "기술틀지움의 경험"[75)]이라 부르는 것의 물질적 조건인, 일련의 구축 구문을 구성한다.

둘째, 뵈티허는 예술-형태의 구조적-공간적 결합의 중요성을 강조한다. 그래서 여타 구축물의 공간 경험에 대한 함의들뿐 아니라, 그 물질적 결과와 기술적 결과 또한, 의미의 애매성과 건축의 복합성을 구성한다. 따라서 우리는, 젬퍼의 건축의 네 요소는 형태의 범주가 아니라고 주장할 수 있다. 이 거주 요소들은 도공, 목공, 석공, 그리고 직공(織工)을 통해 경험되면서, 삶의 몇몇 순간들을 표상할 수도 있다. 그런데 이 네 기예에 대한 우리의 경험은, 물질 차원과 기술 차원에 한정되지 않는다. 각기의 기술틀지움 경험은 또한, 특별한 "공간 실행", 그러니까 지각되고, 생각되고, 그리고 체현된 공간들 간의 변증법적 관계를 포함한다.[76] 그러므로 그것은, 양식에 관한 19세기 논쟁을 알렸던 철의 경제적 차원과 물질적 차원이었을 뿐 아니라, 그 구조적-공간적 잠재성이기도 했다. 텍토닉을 재고하기 위해 우리는 먼저, 기술틀지움 경험의 변천을 그려내야 한다.

몽타주 아이디어는 구축 예술과 병행한다. 그러나 몽타주는 또한, 문화생산의 세속화와도 관계된다. 영화 촬영술에서 발전되어 나와 다른 산업들이 공유한 몽타주 만들기는, 19세기 건축가를 훨씬 뛰어넘어, 구조적-공간적 경험에 스며드는 하나의 과정이다.

몽타주는 또한, 구축개념을 유기적으로 이해할 때 지니는 자연스러운 내용물, 혹은 벤야민의 말로 하자면 *테크네*의 아우라(aura)와 텍토닉을 비워낸다. 이를 위해, 몽타주와 바느질의 유사성을 언급하는 것이 중요하다. 이 두 제작 방식은, 장식 목적을 위해 솔기를 남겨둔 채 단편화된 조각들을 결합한다. 이 유사성은, 방직산업에서 모전(毛氈)과 직물의 재료차이를 주목할 때도 흥미롭다. 직물은, 제작에 대한 데카르트적 시각의 가장 두드러진 특성, 그러니까 가장 낮은 단계에서 가장 높은 단계로 진행하는 방향성 감각인 위계성과 균제를 따른다. 그러나 다양한 천으로 구성되고 아무 사전계획도 따르지 않는 모전은, 상이한 방향과 형태로 퍼져나갈 수 있다. 그러면서도, 질 들뢰즈(Gilles Deleuze)와 펠릭스 가타리(Felix Guattari)가 논의한 전(氈)과 직(織)의 공간적 차이는, 고전 구축담론의 탈신화화를 위한 몽타주의 의미와 그 공간적 구성개념을 설득력 있게 시사한다.[77)] 예컨대 몽타주는, 고전주의가 인간의 몸과 건축에서 도출하는 유추들, 혹은 젬퍼가 논의한 화로 개념을 없애고, 당대의 지각 경험과 기술 경험에 따라 구축 예술을 복구한다.

세속화의 역사적 진보 또한 논의에 포함시켜야 한다. 그것은, 사회유대나 초개인적 관계를 위해 혈연관계의 토대를(그리고 심지어, 우리를 한 장소에 연결시키는 거주하기의 바로 그 개념조차) 훼손한다. 그러므로 우리는, 유기적인 것에서 문화적인 것으로 바뀌는 관계변형의 원천을 추적할 수 있고,[78)] 몽타주는 이와 동일한 변화로 인해 텍토닉과 관계된다. 몽타주는, 고전 구축담론에 본질적인, 부분과 전체의 관계를 단절한다. 전체에 대한 몽타주의 개념은, 비트루비우스 삼위 견지에서 논의되든, 혹은 몇몇 현대 건축가들이 공유한 삼분법 구성원리의 견지에서 논의되든, 부분의 위계적 구성의 재현적 결과도, 논리적 결과도 아니다. 그 대신 전체는, 단편들의 병치로부터, 그리고 몽타주 자체의 행위에 의해 발생하고, 여기에 의도와 구축의 변증법 혹은 젬퍼가 말하곤 했던 구조적인 것–상징적인 것의 변증법이 놓여있다. 전체를 이렇게 이해하면, 일관성을 띠는 건축적 형태의 총체성이 약해지고, 텍토닉 형태를 생성하는 데 몽타주가 중요한 역할을 한다.

몽타주는 그 텍토닉 형태를 "이접(離接)", 그러니까 기표로부터 기호를 떼어놓는 약한 형태로 드러낸다. 전통적으로 이음매의 기능은, 구축의 이형(異形)들을 숨기고 미학적 통일성이라는 환영을 창조하는 것이었다. 이와 대조적으로 "이접"은 재료와 디테일 작업을, 그 최종형태가 잘 제작된 영화처럼 그 생산의 단편화된 과정을 완전히 숨기지 않는 방식으로 통합한다.

건축은, 사실적이지도 않고 공간적이지도 않은 이러한 "거리두기"[79]로, 그 시작의 사건, 즉 인본주의 신화와 건축가의 주체의 표현을 문제 삼음으로써 의미론적 자율성을 달성한다. 건축과 이 두 극을 분리시킴으로써, 구축(아마도, "공작"이 더 적절한 용어겠다)은 건축의 유일한 의미 차원으로 부상한다. 그래서 공작은 변증법적으로 이해해야 한다. 그래서 우리는 건축을, 그 어원이 구축의 양식이나 계획 그리고 엮인 물질 양자를 뜻하는, 하나의 직조로 존재론적으로 이해한다. 그러면서 예술–형태가 강조해야 하는 것은, 아우라의 상실과 단편화 경험의 강렬화 이후, 지각된 공간 싸개는 말 그대로 하나의 공작이라는 사실, 그러니까 그것은 하나의 허위라는 사실이다. 공작의 허무주의 함의에 대한 강조는, 기호와 기표의 분리가 역사적이라는 주장을 입증한다. 현대는,

"현상과 본질이 함께 소멸하고," "의식의 수준에서, 가능성 있는 유일한 해석학은 회의(懷疑)의 해석학"이라는 새 시대를 연다."[80] 이와 동일한 것이 공작이라는 아이디어에도 진실하다. 19세기가 구축을 수공예의 윤리적 가치에 구속된 것으로 여긴 반면, 공작은, 상품의 "신비한" 성격이 "그 특정한 사용가치와 그것을 생산한 구체적 노동으로부터 그 가치가 분리된다"[81]는 사실에 의존하는 방식과 유사하게, 자연적인 것으로 나타난다. 더구나, 벤야민이 소설과 이야기하기 사이에서 이끌어내는 차이, 그리고 리커(Ricoeur)가 말하기와 글쓰기에서 세우는 구분이 증언하는 것은, 유기적 상태의 사유하기와 만들기가 기계화로 변형되는 과정에서 테크닉이 우위를 점해 왔다는 사실이다. 이것은 기호의 자의적 이용을 위한 청신호가 아니다. 그것은 오히려, 우리가 기호와 기표를 결속하는 주제들을 재수집 함으로써 텍토닉을 재고하기를 요구한다. 여기서 재수집은, 그러한 시간과 장소에서 잘못된 것을 수정하거나, 어떤 잃어버린 과거에 대해 향수적 기억을 구축하려고 의도하는 것이 아니다. 재수집은, 지안니 바티모(Gianni Vattimo)의 말[82]을 쓰자면, 기호와 기표의 관계의 모든 헤게모니적 특성을 "뒤트는" 하나의 대항기억이다.

제조된 기표와 그 침묵하는 존재에 대한 이러한 강조는, 작품과 그것이 지각되는 조건들을 결정하는 숨겨진 요인들을 뚜렷이 알 수 있게 만든다. 중심의 상실과 공작에 부여된 중요성은 건축

생산의 세속화 과정을 고양시킨다는 것이 명백해 질 것이다. 몽타주는, 텍토닉의 형이상학을 비우고, 세계 내에서의 새로운 존재방식을 펼치는 하나의 테크닉이다. 몽타주는 리커가 제안하다시피, 자율적인 문화 산물의 "타자성"이 주어진 문화경험 내에 정박하는 하나의 변증법적 과정이며, 이 전용(轉用)이 바로 몽타주의 시적 과업인 것이다.

2장_건축, 그리고 기술의 문제

두 입장들과 "타자"

고전 건축논문에는, 오늘날 알려진 바와 같은 그러한 기술에 대한 이해가 없다. 고전 건축담론에 현대 기술개념이 하나의 주제로 부재한 것은, *테크네*(techne)라는 낱말이 표상하는 예술과 과학의 존재론적 결속 때문이었다. 비트루비우스의 건축담론과 팔라디오의 건축담론에서, *테크네*는 제작 로고스를, 그러니까 테크닉이 최종 대상물 그 자체의 이미지에 적합한 공작의 개념을 뜻한다.

고전적 의미의 테크네는 17세기 말경, 예술가나 장인이 예술 혹은 수공의 기술적 요소들을 사용하는 방식 혹은 테크닉으로 대체되었다. 18세기 후반 기계화의 도래로, 예술과 과학의 존재론적 관계가 사라졌다. "테크닉"은 그 이후의 용법에서, 문제대상이나 그 역사적 가치에 대한 어떤 특별한 연관성도 굳이 명시하지 않은 채 문제의 해법을 제공했다. 이러한 발전과 나란히, 실증적 합리성이 제작 로고스를 넘겨받는 건축담론이 19세기 중반에 나타난다.

윌리엄 모리스(William Morris)와 비올레 르 뒤크(Eugène-Emmanuel

Viollet-le-Duc)는 고딕 부흥기 동안 글을 쓰면서, 그 특이성이 낭만주의 운동과 고전 건축언어에서 벗어난 유형의 건축담론을 촉진시켰다. 비올레 르 뒤크는 "19세기의 건축 – 방법의 중요성(Architecture in the Nineteenth Century - Importance of Method)"[1]에서, 그리고 모리스는 "건축의 부흥(The Revival of Architecture)"[2]에서, 상관성을 띤 두 주제를 건축담론에 도입했다. 첫 번째 주제는 역사주의로서, 생산품의 사회문화적 가치가 역사적으로 결정된다는 것을 시사했다. 비올레 르 뒤크는 고딕 부흥주의자들과의 논쟁에서, "19세기는 그 자신의 건축을 갖지 못한 채 마감될 운명인가?"라고 물었다.[3] 모리스는 그와 동일한 사유 경향을 비판하면서, 모든 시기의 예술은 응당 그 사회적 삶의 표현이어야 한다고 제시했다. 건축과 그 시기 간의 시간적 관계라는 개념이 펼쳐지고 있었다.

두 번째 주제는 진보 즉, 기술향상을 통한 사회향상의 탐구였다. 여기서, 건축의 새로운 재료 사용에 대한 비올레 르 뒤크의 존중에 관해 장황하게 논할 필요는 없다. 우리는 오히려, 모리스의 사유에서 기술, 그리고 전통의 도덕적 가치라는 이분법에 주목해야 한다. 모리스는, 도덕적 가치에 대한 충격 때문에, 자신의 시대의 산업발달에 비판적이었다. 그럼에도 불구하고 "노동의 즐거움"에 대한 그의 비전은, 길드체제의 윤리와 도덕성이 통합된 산업기술을 제안한다.[4]

이러한 논점들은 독일 공작연맹(Werkbund)과 바우하우스 학파의 아이디어들에 요약되었는데, 바우하우스 학파의 발전은 독일의 사회경제적 상황 때문이었다. 그 논점들은 또한, 주로 정기 간행물 **타자**(*Das Andere*)에 표현된 비판사유 학파에도 출현했다.[5] 기고자들 중의 한사람이었던 아돌프 로스는, 옛 관습들과 분리주의(Secessionism)의 예술 가치에 전쟁을 선포했다.[6] 로스는, 비록 독일 공작연맹과 바우하우스에 비판적이었음에도 불구하고, 자신의 모국의 장인들에게 앵글로색슨 동료의 길을 따르라고 충고했다. 그러나 모든 의도와 목적에 비추어 보건대, 진보라는 아이디어를, 그리고 건축가와 산업의 협력을 통한 인공품 향상을 처음으로 적극적으로 주창했던 사람은 바로 피터 베렌스(Peter Behrens)였다.

발터 그로피우스(Walter Gropius)가, 베렌스가 디자인한 인공품의 경우에서처럼, 건축을 생산라인에 맞출 것을 촉진시킬 생각을 한 것은, 베렌스의 사무실을 통해서가 아니었던가? 그리고 또다시, 프랑스의 유명 인사들이, 추상이 "새로운 객관성"을 실현하는 도구가 될 수 있도록, 건축에서 역사적 언어를 정화해야 한다고 제안한 것은, 그와 꼭 같은 환경에서 나온 게 아니던가? 이 두 질문은 다음의 주제로서, 그로피우스 건축담론과 르 꼬르뷔제 건축담론의 맥락에서 검토할 것이다.

"과정": 기술의 명령

20세기 초를 특징지었던 건축사유는 이질적 특성을 지녔다. 초기

단계의 바우하우스 학파는, 문화가치와 일상 생활용품의 변화를 대체로 선호했던 건축가의 관점을 대표했다. 이 학파는 그 이후, 밀접한 산업 관계를 특히 강조함으로써 초기의 노선을 벗어났다. 변화의 건축가는 그로피우스였다. 바우하우스는 그의 리더십 이후, 처음에는 독일 산업부르주아 계획의 간접적 일부가, 그리고 나중에는 그 직접적 일부가 되었다.

그 학교의 각기 다른 시기에 사용된 인장을 간단히 보면, 그로피우스가 결정한 노선을 이해하는 데 도움 된다. 1921년까지 사용된 인장은, 인간과 은신처의 존재론적 해석을 나타낸다(도판 5). 인간형상이 떠받치는 우진각 지붕은, 건축의 토착적 기원을 가정하고 있는데, 이것은 마크 앙토아느 로지에(Mark-Antoine-Laugier)의 오두막(hut) 개념과 상당히 일치한다. 1921년 이후 사용된 인장은, 인류에 대한 기술의 지배를 예시한다(도판 6). 인장의 인간얼굴은, 아무런 형상적 요소도 지니지 않는다. 그것은 일차원적이고 추상적이다. 수직선과 수평선이 중요한 구성요소로서, 원 안에 틀지어져 있다. 아이러니하게도, 이 이후부터 원은, 산업신화를 상징해왔다. 진정 후기 인장은, 현대건축 운동의 두 중요한 측면 즉 추상과 기술을 표상한다.

그로피우스는 자신의 담론에서, 수공업에 대한 모리스 견해의 파편더미를 숙고한다. 페브스너(Nikolaus Pevsner)에게서 하나의 "역사 단위"[7)]로 규정되는 이 두 건축사유의 극들의 차이는, 진정

도판 5. 슈타틀리헤(Stattliche) 바우하우스 인장. 1919년에서 1921년까지.

도판 6. 쉴레머(Oska Schlemmer)가 1922년에 디자인한 후의 슈타틀리헤(Stattliche) 바우하우스 인장.

역사적이다. 독일에서는 비판적 내용 곧 "노동의 기쁨"이라는 말이 실증주의에 의해 만들어졌다. 그로피우스에게는 기계, 그리고 산업주의자들과의 협동이 하나의 필연이지만, 모리스에게는 그 모든 아이디어가 문제를 노정했다.

건축에 대한 그로피우스의 실증주의적 이해는, 1910년에 처음 출판된 **26살의 그로피우스**(*Gropius at Twenty-Six*)라는 제목이 붙은, 그의 최초의 텍스트들 중의 하나에 지배적이다.[8] 그 아티클은,

한 회사의 조립식 주택 생산 지침서로 서술되었다. 그럼에도 불구하고 그것은 장래 학교의 “강령”을 표현한다. 그것이 촉진하는 것은, 예술과 테크닉의 “행복한 결합”이라는 아이디어다. 이 생각은 역사적으로 새로운 것이 아니었다. 마테이 칼리네스쿠(Matei Calinescu)는, 죽음에 임박한 생시몽(Saint-Simon)이, “과학자들과 더불어 예술가들과 생산업자들을, 이상국가의 삼위일체 지배 엘리트의 일부가 되도록 자연히 운명 지어진 존재로 간주했다”[9]는 사실에 주목했다. 생시몽의 생각은 자신의 생애에 실현되지 않았지만, 독일 공작연맹 학교에서 일부 실무를 맡았던 그로피우스의 소망은, 바우하우스 학교의 일차적 동기가 되었다. 문제가 되는 그로피우스 사고의 측면은, 건축에 대한 그의 사회학적 이해였다.

그로피우스는 **총체적 건축 영역**(*Scope of Total Architecture*)에서, 사회학 주제와 개념으로 적재된 건축담론을 내어놓았다. 건축가는, 계획에 참여하는 개개인의 정확한 입지를 인식할 수 있는 한 사람의 “진정한 계획가”로 특징지어진다. 그로피우스에 따르면, 목표는, “창조적인 예술가를 그의 여타의 세상사로부터 신속하게 구출하여,” 그를 “현실의 일상세계”로 넘겨 보내는 것이었다. 게다가, 교육은 “사업가의 경직된 . . . 물질적인 마음을 확장하고 인간화하는” 도구로 변했다. 이 모든 것이 목표로 하는 바는, “현대 생산방법과 밀접한 새로운 세대의 건축가”[10]를 위한 조건을 준비하는 것이었다. 그로피우스는 다른 때에, “장인과 예술가 사이에

오만한 장벽을 세운 계급구별이 없는 새로운 장인길드를 형성하는 것"[11)]이 아이디어라고 말했다.

중세와 같은 비밀 집회소에 대한 그로피우스의 욕망은, 실제로 낭만적인 추구가 아니었다. 그 욕망은 자연과 문화의 이분법 맥락에서는 이해할 수 없다. 자연을 그 "타자" 곧 기술과 인공물로부터 구분하는 루소의 담론에서, 우리는 모리스의 생각을 식별할 수도 있겠다. 그러나 공예에 대한 그로피우스의 관심과, "미래의 길드"에 대한 장인들의 참여는 전혀 다른 것이다. 모리스는 산업품의 소외에 맞서 투쟁하면서, 수작업과 그 아름다움의 신화에 유혹되었다. 그로피우스는 그와 대조적로, 공예와 산업기술의 차이를 잘못 진술하고, 그래서 세속화의 총체적 논점을 기각한다.

공예와 기계에 관한 독일 담론을 형성하는 개념은, 문자 그대로 "손노동"을 뜻하는 독일어 *한트베르크*(Handwerk)에 있다. 이 낱말에 대한 상술(詳述)은 테오도르 아도르노(Theodore Adorno)에서 연유하는데, 아도르노의 진술에 따르면, *한트베르크*는 "기술의 승리로 인해 상실하고, 현대양식 대표주자들에 의한 픽처레스크 발굴로 격하된, 원시경제에 온당한 생산방식[12)]을 가리킨다. 아도르노의 해석은, 장인작업을 그 이후의 기술진보에서 분리시키는 역사 단절과 관련시켜 이해해야 한다. 그런데 이 낱말에 대한 마르셀 프란시스코노(Marcel Franciscono)의 언급이 바우하우스 사유에 더 일치한다. 이 논점에 관해 프란시스코노는 다음과 같이 진술한다. "*한트*

*베르크*는 영어에서 수공이 지닌 제약된 의미를 갖고 있지 않은데, 바우하우스 시기에는 더 더욱 그랬다. 그것은 일반적으로, 물리적으로 고된 분야를 뜻하고 . . . 수공이 지니지 않은 노동의 분리도 고려한다."[13] *한트베르크*에 대한 이러한 이해는 그로피우스에 의해 공유되는데, 그로피우스는 "[산업에] 동원되는 도구의 상이한 속성이, 단 한 사람의 노동자가 온전한 통제 하에 작업하는 수공업 노동의 세분보다 그 정도가 훨씬 덜하다고," 산업과 수공업을 구별 짓는다. 더구나, "수공업과 산업은, 점진적으로 서로에게 접근하는 대립 극들로 간주될 수도 있다."[14]

말할 나위 없이 이 두 "극들"은, 기계화된 생산방식이 출현하면서 서로 떨어지게 되었다. 생산의 기계화로, 인공물이 그 전통영역에서 분리되었다. 발터 벤야민(Walter Benjamin)에게 이 변화("아우라의 파괴")는, 인공물의 "진정성"에 중대한 결과들을 초래한다.[15] 산업생산은, 전과 다른 도구들뿐 아니라, 자연과 대상에 대한 새로운 지각 또한 요구했다. 장인의 심안(心眼)과 수공예의 인간형태 중심주의 속성은, 기계화의 근본이유를 제일 원리로 인식하는 과정에서 기능할 수 없었다. 그로피우스는 수공예를 되돌아보며, 벤야민의 아우라 개념과 그 역사적 중대성과 문화적 중대성을 파악하지 않은 채, 자신의 규범을 제작의 과정에 한정시킨다.

예술과 기술에 관한 그로피우스의 견해는, 제작 과정이 은유적 측면과 상징적 측면의 토대를 훼손하는 디자인 개념을 내포한다. 그로피우스의 독자들은, 그가 건축을 경험주의로 이해하는 것을 어렵지 않게 식별할 것이다. 그로피우스의 경험주의의 한 사례로, 조지아 창에 대한 그의 논의를 인용할 수 있다. "그 시대에서는 유리제작의 한계로 인해 필요했던, 감금하는 새장 같은 조지아 시대의 창이, 큰 유리 개구부와 분할되지 않은 유리창으로 대체되었다."[16] 물론 누구도 특정 역사의 생산 테크닉의 한계에 맞서서 주장할 수는 없겠지만, 기술발전과 건축텍토닉 변화를 일대일 상응관계로 추정하는 것은 심한 단순화다. 우리는, 어떻게 이러한 견해가 건축을 산업용품의 지위로 축소시키곤 했는지 보게 될 것이다.

시대정신과 새로운 객관성

하인리히 뵐플린(Hienrich Wolfflin)은 1800 년경을, "새로운 객관성에 복무하게 되는" 선형적 시각방식의 부흥으로 특징지었다.[17] 뵐플린 담론의 건축텍토닉 함의들은, 비올레 르 뒤크의 대화(Entretiens)의 열 번째 강의에서 추적해볼 수 있다. 거기서는 건축의 보편규칙으로서의 균제가 의심되고, 조화와 평형에 기초한 형태구성이 제안된다.[18] 고전 구성규범에 대한 비올레 르 뒤크의 반감과 산업테크닉과 재료를 수단으로 삼아 건축을 다시 명료하게 하려는 그의 시도는, 학계를 거부함으로써 예술과 문학의 리얼리즘 관점을 열어젖힌 19세기 후반의 보편적 예술경향의 특정한 측면과 연관

지을 수 있을 것이다.[19] 그로피우스는 그 이후 1923년, 뵐플린 담론의 모든 의미론적 혹은 형태적 흔적이 제거된 건축을 주창했다. 그로피우스의 관심은, 리얼리즘 예술과 문학의 두 중요한 주제였던 역사주의도 아니고 "자연주의"도 아니었으며, 오히려 다음에 개관된 "새로운 객관성"이었다.

> 중력의 영향에 반하려고 노력하는, 새로운 수평성의 미학이 발전되기 시작하고 있다. 이와 동시에, 건물의 부분들과 중심축을 향하는 그 정위 간의 균제적 관계가 새로운 개념의 평형에 의해 대체되어, 유사한 부분들이 이루는 그러한 죽은 균제를, 비균제적이지만 리듬을 띤 균형으로 바꾸고 있다.[20]

건축적 대상을 새로운 형식으로 이해하려는 움직임이 대두했다. 이 주제는 러시아와 독일의 특정 서클의 사고에서 가장 효과적으로 활용되었다. 국가 간의 경계들의 중대성을 과소평가 하지 않은 채 나는 다음을 주장한다. 현대건축 운동의 균질한 속성은, 객관적 방식의 표현이 특별히 드러남으로써 구체화되었다. 그럼에도 불구하고 우리는, 초기 현대건축 운동에서 세 학파의 사유를 식별할 수 있다.

새로운 객관성에 대한 바우하우스의 관점은, 독일어 Sachlichkeit(즉물성)에 근거하고 있다. 이 낱말은 다양한 분야에서 다르게 해석되고 적용된다. 회화에서는 하르틀라우프(G. F. Hartlaub)가, 1923년 만하임 전시회에 참여하고 싶어 한 화가들에게 호소하는 편지에서 그 말을 만들어내었다.[21] 전시회는, 실증적인, 만져볼 수 있는 실재성에 충실한 작품들을 제시하는 것을 목표로 삼았다. 건축에서 즉물성은, 형태적 객관성에 대한 이러한 경의를 공유한 채, 다른 함의들을 띤다. 프리츠 슈말렌바흐(Fritz Schmalenbach)가 인용한 그 함의들 중 하나는, "반(反)-형태주의"[22]다. 언급했다시피 하르틀라우프는 즉물성을, 디자인 대상의 목적에 일치하는, 수수한, 최소한으로 장식된 디자인이라는 견지에서 정의했다. 그의 개념에 중심적인 것은, 문제에 대한 겸손하고, 실용적이고, 직설적인 접근을 시사하는, 영어 "시민(burgher)"과 관계된, 뷔르거리히(bürgerlich)의 건축텍토닉 함의였다. 즉물성이라는 낱말에 대한 이러한 후자의 이해는, 독일 공작연맹의 논박에서 헤르만 무테시우스(Hermann Muthesius)에 의해 대중화되었다.[23] 무테시우스는, 규범/유형에 관한 애매성, 그리고 그의 행정적이고 정치적 임무, 이 양자로 인해 논의의 여지가 있는 인물이다. 무테시우스의 이 모습은 우리로 하여금, 그가 신(新) 즉물성을 기능주의로 독해한 핵심인물로 제시하도록 추동한다.[24] 즉물성은 독일 공작연맹 사제들 사이에서, 건축의 형태적 특성이 기술적이고 물질적인 측면과 구별되는 그러한 디자인 개념을 지칭했다. 베렌스의 디자인 관점은, 이 맥락에서 장점을 지닐 수 있었을 것이다. 그는, "질서와 절대적 게슈탈트(좋은 형태)를, 외견상 재료와 구조에 의해 조성된 물질들 위에" 위치시켰다.[25] 베렌스의 건축은 고전적 온건성과 명쾌성을 보여주는데, 이것은 즉물성에 대한 자신의 비관주의 해석에서 유래한다.

즉물성에 대한 경험주의 관점은, 그것이 기술에 대한 바우하우스의 강조와 맞아떨어지면서 조장되었다. 근본적인 논점은, 건축을 포함한 인공물들이 기술발전에 맞추어 변형되고 향상되어야 한다는 생각이었다. 그로피우스는, "역사가 보여주다시피," "미의 개념은 사유와 테크닉의 진보로 변화되어 왔다"[26]고 주장한다. 이 관점에서 기계는, 완벽한 유용성, 부분들의 경제성, 단순성, 그리고 아름다움 등에 의해, 예술창조의 이상적 모델이 된다.

관학적 형식주의를 반대한 그로피우스는, 인공물을 새롭게 이해하게 되었다. 그에게 사물은, "모든 방식으로 그 목적에 응답해야, 즉 실용적인 의미로 그 기능을 완수해야 하고, 그래서 쓸모있고, 믿을 수 있으며, 값이 싸야 하는, 사물의 속성에 의해 결정되었다."[27] 그로피우스는, 그러한 요구가 기술과 공학에서 달성되는 것을 목격했다. 산업과 기계장치를 따라서, 건축가의 자극제가 되었다. 이 생각은, "예술과 기술, 새로운 통합"이라는 그의 선언에서 궁극적으로 표현된다.

고전시대 전반을 통해 알레고리와 형태학의 방편으로 자연과 인간의 필요에 응답했던 건축은, 그로피우스의 담론에서 역사에 등을 돌리고 기계와 대화를 시작한다. 기술과 공학의 세계에 근거를 둔 새로운 주제와 개념이 건축담론에 침투했다. 건축은 기계와의 대화로 일상용품의 지위로 축소되고, 그 디자인은 생산라인 과정을 반영했다. 그 결과 건축은, 산업 생산품처럼 형상적 요소를 상실하고, 냉정하고 명료한 기능적 대상이 되었다.

새로운 객관성에 대한 르 꼬르뷔제의 견해는 더 독창적이다. **새로운 건축을 향하여**(*Towards a New Architecture*)는, 구성적으로 훈련된, 그리고 그와 동시에 객관적인 건축을 호소했다. 르 꼬르뷔제는 이 목적을 달성하기 위해, 건축 요소의 상징적 부담을 중립화시키는 과업을 자임했다.

르 꼬르뷔제는, 베렌스 사무실에서 짧게 일하면서 독일 공작연맹의 실험을 볼 기회가 있었다. 역사적 형태를, 새로운 재료들과 요구들과 화해시키는 베렌스의 능력에 감명을 받은 르 꼬르뷔제는, 산업, 유용성 그리고 고전 형상이라는 자료에 한정되지 않는 건축언어를 정형화했다. 이와 관련해서 도미노(Dom-i-no) 이면의 아이디어가 르 꼬르뷔제 건축언어의 "심층구조"로 기능했다.

1914년에 디자인된 도미노는, 르 꼬르뷔제 건축의 두 중요한 측면을 드러내는 철근콘크리트 골조 구축 시스템이다. 첫 번째는 고전 건축언어와의 단절이고, 두 번째는 미학적 대상으로서의 자기참조 역량이다. 도미노의 이 자기참조 측면은, 피터 아이젠만(Peter Eisenman)에 의해 어느 정도 깊이 분석된 바 있다. 여기서는 다만, 객관성에 대한 그 함의만 고려해볼 필요가 있다.[28)] 르 꼬르뷔제는 대중소비 정신을 조장하기 위해, 건축적 대상을 재정의 하기 시작했다. 그에게 “대상 형식”은, 역사의 먼지와 잔해로부터 정화된 시대정신이었다.[29] 본 모스(Stanislaus von Moos)에 따르면, 이 객관성 개념은 찰스 블랑(Charles Blanc)에 의해 처음 제안되었는데, 그의 작품들 중 일부를 르 꼬르뷔제가 읽은 바 있다.[30] 블랑은, 다가오는 세대는 사물의 정신을 포착하며, 예외적이지 않고 눈에 띄지 않는 것은 모두 폐기될 것이라는 것을 감지했다. 이것이 건축에 의미하게 될 바는, 벽, 보, 기둥, 그리고 지붕 요소 구석구석에서 형상적 표상을 방출하는 것이다.

고전 건축언어의 형상적 특징의 타당성을 의심하고, 그 상당 부분의 토대를 훼손하는 것은, 르 꼬르뷔제가 처음이 아니었다. 듀랑(J. N. L. Durand)은 18세기 후반과 19세기 초, 분류와 해체를 통해 기능과 경제적 사용을 기초로 하는 다양한 건축구성을 제안했다. 명백히 그의 건축은, “짓기 예술”로 규정한 비트루비우스 식 건축과 아무런 관계도 없었다. 표상과 건축형상 짓기 간의 통합성의 유지는 비트루비우스 식 건축의 중요한 특징이었다. 듀랑은 건축의 전체 이미지로부터 건축형상을 떼어냄으로써, 모든 건축요소의 객관성을 여타 다른 모든 요소들과의 경험적 관계로 생각했다. 그리하여 실증주의 규범에 따라 생각하는 건축이라는 초기 개념이 듀랑에 의해 실현되었다. 그러나 르 꼬르뷔제는 듀랑을 능가했다. 르 꼬르뷔제는, 고전 형태뿐 아니라 그 표상 경제도 폐기했다. 기계는 이 때문에 새로운 은유가 되었다. 기계의 은유는 모더니스트

예술담론에 근본적이다. 마테이 칼리네스쿠(Matei Calinescu)는, 예술과 기계의 미학적 관계의 원천을 보들레르로 돌아가 추적했다. 이 19세기 프랑스 문인에 따르면, "화회는 하나의 기계로서, 안목 있는 눈에는 그 체계가 모두 이해가능하다. 거기서는 모든 것이 적재적소의 이유를 갖는다."[31] 이 진술은 "주택-기계"라는 그 이후의 금언과 현저하게 유사했다. "주택-기계"는, 기계처럼 분석과 선택 경제를 통해 피차가 서로에게 관계되는 다양한 구성요소를 소유하는 건축적 대상을 지칭한다. 르 꼬르뷔제에 따르면, "만약 우리가 주택에 관련된 모든 죽은 개념들을 우리 가슴과 마음에서 제거하고, 문제를 비판적이고 객관적인 시각으로 보면, '주택-기계'에 도달하게 될 것이다."[32]

도미노는 아마, 자연, 기술, 그리고 문화적 삶을 향한 현대적 태도의 가장 현저한 선언일 것이다. 진실로 그것은, 한동안 공학에서 사용되었던 새로운 테크닉과 재료에 대한 건축텍토닉 응답이다. 르 꼬르뷔제는 엔지니어의 작업결과를 찬미하면서, 그럼에도 불구하고, 건축은 그와 같은 작업을 넘어 그 자신의 미학을 창조해야 한다고 강조했다. 그는 이 초월을 달성했지만, 그로 인해 회화에 집착하는 건축을 창조함으로써 비싼 대가를 지불했다.[33] 르 꼬르뷔제의 실천과 저술은, 토착 건축, 공학, 그리고 회화 등에서 연유하는 아이디어들, 주제들, 그리고 은유들의 전위(傳位)를 보여준다. 회화와 연관된 이러한 사고와 주제들은 그의 건축담론의 형성에 이바지했다.

이 점에서, 빌라 사보아(Villa Savoye)의 평면은 예증이다. 르 꼬르뷔제는 작업을 마치 그것이 캔버스인 것처럼, 그리고 자신을 예술가인 것처럼 접근하면서, 콜라주의 방법으로 추상적 건축을 생산했다. 그는 건축요소에서 역사적 차원을 비워내고 자신의 미의 대상을 창조하기 위해, 매스와 표면을 훌륭하게 가지고 놀았다. 윤곽의 개념은 이로 인해 새로운 의미를 획득하고, 듀랑의 그리드를 상기시킨다. 르 꼬르뷔제에 따르면, "윤곽은 모든 제약에서 자유롭다." 거기에는 더 이상 "관습의 문제도, 전통의 문제도, 구축의 문제도, 유용성의 필요를 채택할 문제도 없다."[34] 진정 평면은, 윤곽의 틀에 의해 정면에서 해방되거나 그 역도 그러하고, 벽은 표피와 같은 피복이 된다. 개방평면은, 선이 흘러서 윤곽이 되고 그 기하학이 공허부를 창조하는 표면을 제공한다. 르 꼬르뷔제에게 "공간은, 건축 순수주의든 회화 순수주의든, 순수주의의 중심 과제였다." 그는 이렇게 덧붙인다. "우리는 회화를 표면이 아니라, 공간으로 생각한다."[35] 그의 담론에는 건축과 회화가 명백하게 중첩하지만, "통제선"에 대한 그의 강조로 인해 후자가 우세하다.

빌라 사보아는 또한, 고전 건축언어의 면 기하학적 측면 그리고 미학적 측면과 단절했다는 견지에서 본보기다. 평면은 개방평면의 개념을, 그러니까 인간의 자유에 대한 후기 계몽주의의의 공간표상을 이용한다. 콘크리트 슬래브 가장자리로부터 기둥을 안으로 후퇴시킨 것은, 수직성의 여건을 없애는 장치다. 정면 그 자체가 "자유롭다." 더 이상 하중을 지지하는 부재가 아닌 벽은, 그래서 건물을 대지에 연결하는 그 역사적 역할을 폐기했다. 진정 그것은 "벽다움"을 표시하지 않는다. 슬래브, 기둥, 그리고 계단과 같은 구조 장기(臟器)들은, 창과 여타 개구부들이 제약 없이 관통하는 수평의 면으로써 피복된다. 빌라 사보아는 하나의 추상적인 예술창조, 새로운 미의 대상이다.[36)]

기술의 시학

객관성에 관한 그로피우스의 담론과 르 꼬르뷔제의 담론에 결핍되어 있는 것은, "대상 형식"의 "진짜" 용도, 그러니까 그저 기능성의 견지가 아니라, 짓기 문화에 대한 대응의 견지에서의 사물의 유용성이다. 이 논점은 1908년경 아돌프 로스(Adolf Loos)에 의해, 그리고 1931년 한스 펠찌히(Hans Poelzig)에 의해 고찰되었다. 로스에게는 두 대상 형식, 그러니까 사용을 위한 대상과 예술 오브제가 존재한다.[37)] 후자는 아무에게도 호소할 필요가 없는 반(半)자율적 실체이지만, 용도를 통해 변하는 전자는 모든 사람에게 호소해야 한다.[38)] 대상 형식에 대한 이 아이디어를 고수하는 로스는, 독일 공작연맹 학교를 비판하면서, 그들이 인과관계를 혼동하고 있다고 지적했다. 그는 다음과 같이 썼다. "우리는, 목수가 이러저러한 방식으로 의자를 만들었다는 이유로, 어떤 특정의 방식으로 앉지 않는다. 목수가 어떤 특정한 방식으로 의자를 만드는 것은, 우리가 그렇게 앉고 싶어 하기 때문이다."[39] 로스에게 인공물은, 기술의 명령이나 생산과정 때문에 변화하는 것이 아니다. 로스에 따르면, 그로피우스에게 그렇게 소중한 새로운 재료와 테크닉은, 옛것을 새로운 정신으로 "반복하는" 수단일 뿐이다. 펠찌히는 대상 형식에 대한 이 생각을 공유했다. 로스와 펠찌히 양자는 또한, 기술적 형태와 건축적 형태를 구분했다.

펠찌히(Poelzig)는 1931년, 새로운 객관성의 "실용적 현실"에 강한 의문을 제기했다. 그의 회의론은, 장식을 거부한 현대건축 운동의 경향들이 구축방법을 가지고 놀기 시작했던 것에 대한 그의 염려에 표현된다. 펠찌히에게 기술과 그 생산품은 자연법칙에 속했고, 그 타당성은 기술적 배려에 기인한다.[40] 예술과 기술은 이 규범에서, 두 구별된 영역에 속한다. 기술은 이성과 계산의 산물 곧 사실에 입각한 수단이나 유용성의 대상이다. 예술은 이와 대조적으로, 가치의 영역 곧 표상에 머문다.[41] 그런데 현대건축 운동은 예술적 대상을 기술적 대상과 구분하지 않았다. 비행선과 비행기는 르 꼬르뷔제에게 영감을 주었고, 그로피우스는 예술과 기술의 통합을 꿈꾸었다.

여기서, 예술 특히 건축과 기술의 강력한 관계를 강조하지 않을 수 없다. 건축은 기술적 사실들을 흡수하여 그것들을 건축 형상들로 바꾼다. 건축 형상이 주어진 짓기 문화의 감성들과 감정들에 응답할 수 있는 것은, 건축이 "과거에 그러한 감정들을 사람들에게 항상 유발한 것과 동일한 거주형식"[42]을 언급할 때다. 건축에 대한 이러한 유형학적 이해는, 발레리(Paul Valéry)의 *외팔리노스*(*Eupalinos*)를 회상하는 펠치히에 의해 확대되었다.[43] 파이드로스(Phaidros)는 소크라테스와 나눈 대화에서, 건축을, 자연이나 기계세계가 아니라 어떤 장소의 사람들에게 말하거나 혹은 기껏 노래하는 기념물로 특징지었다. 그러한 요소들을 오케스트라처럼 지휘하는 매체가 "짓기 문화" 즉 "*테크네*"다.

하이데거에 따르면, *테크네*는 기술이라는 그리스 낱말이다. 하이데거는 상당히 실존주의적 의미로, *테크네*를 "시작(詩作)과 드러냄"[44] 양자로 고찰했다. 이러한 역설로, *테크네*는 도구와 공작을 지칭할 뿐 아니라, 일차적으로 가치 세계에서의 입지 즉 "앎"을 뜻한다.[45] 이 "앎"은 실증적이지 않다. 기술은 오직 그 자체의 원천들 그러니까 물리학과 기계학으로부터만 유래하지만, *테크네*는 실용적 지식에 선행하고, 여기저기서, 시학에 머문다. 하이데거에게 장인의 행위는, 예술가처럼 그 행위가 어떤 것을 앞에 내어놓는 한, 그러니까 "무엇이든 비존재를 뛰어넘어 현존 속으로 나아가게 하는" 한, 시적이다.[46] 그러나 *테크네*는 또한 "드러냄"으로서, 그것이 선례(곧, 만들어질 사물과 "동일한" 어떤 것)를 지니는 어떤 것에 대한 지식에 따라, 어떤 것을 만질 수 있도록 하는 것을 뜻한다. 이러한 의미에서, 지붕을 짓는 것은, 짓기 행위가 아니라 지붕 그 자체를 가리킨다. 그래서 *테크네*는, 대상 형식과 제작 로고스의 존재론적 관계를 특징짓는다.

하이데거가 이해하는 *테크네*는, 건축담론에서 "텍토닉"과 "유형" 양자를 내포하는 것으로 규정할 수 있다. 텍토닉의 의미는 구축을 넘어선다. 그것은 형상적 대상화에 의해, 벽, 기둥, 보, 그리고 지붕과 같은 건축텍토닉 요소들을 만드는 것을 뜻한다. 구축은 단순히 중력에 대한 대응이다. 그러니까, 건축텍토닉 요소들이 수학과 기계학의 도움으로 결합된다는 것이다. 텍토닉에서는 기둥, 벽, 보, 그리고 지붕이 그 구조적 합리성을 넘어 의미를 드러낸다. 그러므로 텍토닉은 중력에 대해, "효율"이나 "타당성"이라기보다는 유추에 의해 대응한다. 이 맥락에서, 장식은 범죄가 아니라 하나의 필수다. 장식은 디테일의 도움으로, 대개 옷처럼 작용한다. 고전건축이 독창적인 것은 이 때문이다. 장식은 고전건축 디테일에서, 드러냄과 숨김의 상호작용을 통해 구축의 규칙과 통합된다. 그러므로 건축텍토닉 요소의 구조적 유용성과 그 유추적 표상 간에는 하나의 "틈"이 있는데, 텍토닉은 거기에 거한다고 추론할 수 있다. 이 틈이 건축지식 즉 제작 로고스를 형성한다. 그럼에도 불구하고 그것은, 건축담론의 새로운 개념들과 주제들이 형성됨에 따라, 그리고 여타 구축행위들 사이에서 발전된 이미지들에 따라 변화한다.

*테크네*의 궁극적 목표는 단순히 형태 표상이 아니다. 비록 건축은 스스로를 형태에 의해 드러내긴 하지만, 그 형태는 하나의 특정한 특수성을 소유한다. 텍토닉의 개념은, 짓기 문화의 다른 측면인 유형을, 즉 견디고, 관습과 사용의 밀물과 썰물을 통해 영구하게 지속하는 구축형태를 포섭해야 한다. 유형은, 어떤 대상을 만드는 지식이 대상 그 자체와 만나는 하나의 형태구조다. 건축적 대상은, 바구니와 같은 인공물처럼 용도와 생산에 따라 전개되는 "내적 형태구조"를 지닌다.[47] 그럼에도 불구하고 이 보편적 형태는, 재료의 기술적 잠재성들과 촉각적 감수성들을 통해 특수한 형상을 성취한다. 형태는 이 과정에서, 기하학의 차원과 기능의 차원을 넘어 건축언어의 기본단위로 코드화 된다. 유형이란, 경험주의의 협소한 한계를 넘어, 역사의 가장 깊은 층위들, 그러니까 삽에 의해 피라미드 형상을 띠게 된 180cm 길이와 90cm 폭의 둔덕이, "우리 안에 있는 어떤 것이, 누군가가 여기 잠들어 있다고 말한다. 이것이 건축이다"라고 우리를 자극하는 기억의 영역[48]을 건드리는, 건축을 그렇게 이해하는 상태를 나타낸다. 이러한 유형학적 고찰이 없었다면, 건축요소의 가장 시적인 표상이, 회화의 픽처레스크 속성이나 조각의 경직성을 능가할 수 없었을 것이다. 구축형태는, 건축가의 마음의 눈이 보았을, 그것이 일단 실현되면 그렇게 노래하고 말하게 될 이미지다.

새로운 객관성의 실증주의 규범은 20세기 초, 역사와 유형을 없앤 일군의 건축이론들로 끝났다. 옛 유형을 사회적이고 기술적인 새로운 요구와 통합시켜야 할 필요성에 대한 무테시우스의 강조마저 내 팽개쳐졌다. 그로피우스와 르 꼬르뷔제는, 생산라인의 명령 혹은 기계 산물의 순수성에 대한 논급으로, 기술과 건축의 관계를 낙관했다. 건축담론은 양자의 경우에서, 기술로부터 끌어낸 주제들과 개념들로 과부화 되었다. 기술적 실증성은 건축의 형상적 측면을 조작했다. 그 결과는 대상 형식, 그러니까 그 반복가능성이 대량생산의 한 차원이고 그 특이성이 건물 유형들 중의 한 기능인 모형 혹은 원형에 반영되었다.

유형-텍토닉 견지에서 해석되는 건축은, 현대건축 운동의 실증주의 사고, 그리고 배경화법의 최근의 역사참조를 이해하는 하나의 비판적 도구다. 유형-텍토닉 개념은, 모더니즘 담론에 함축된 견지에서 추상적이고 "새로운" 것이 아닌, 전통 학술원 사람들이 생각한 바의 고전적이지도 않은 건축을 제안한다. 건축은 텍토닉과 유형에 의해, 역사와 진보 양자를, 그 중 어느 것도 지배하지 않는 방식으로 다룬다. 루이스 칸(Louis Kahn)의 건축이 범례인데, 그 이유는 그것이 새로운 방법과 재료에 의한 전통의 재진술이기 때문이다. 유형-텍토닉 개념은, 영원회귀의 개념처럼, 동일한 것을 다른 것으로 대상화하는 능력을 지닌다.

3장_아돌프 로스

현대건축에서 전통이 깨어나는 순간들

> 처음에 여전히 낡은 것에 의해 지배되고 있던 새로운 생산수단의 형태들에 집단의식으로 부합하는 것은(마르크스), 새것이 옛것과 혼합되는 이미지들이다.[1)]

벤야민의 이 진술은, "변증법적 이미지"라는 아이디어에 관한 자신의 사유의 핵심이다. 벤야민은, 파리의 아케이드에 대해 서술하면서, 변증법적 이미지는 "상품의 본질에서 역사적으로 새로운 것을 식별해내기 위해, 고대 이미지들의 사용을 가리킨다"[2)]고 언급했다. 여기서 주목할 것은, 역사주의의 한계를 능가하기 위해서는, 과거의 주장들의 지표에 따라, 그러니까 1920년대 건축의 주류를 넘어선다고 내가 제안하게 될 그러한 이론의 지평의 관점에 따라, 현재를 생각해야 한다는 벤야민의 주장이다. 여하튼, 현대건축은 "시대정신"의 아키텍토닉 함의들과, 역사적 과거로부터의 시대정신의 자율성에 관여했다. **새로운 건축을 향하여**(*Towards a New Architecture*)에서의 르 꼬르뷔제의 아이디어들과 데 스틸(De Stijl)의 구성개념들은 전통과 갈등을 빚은 까닭에 그 차이들이 무색하게 되었고, 현대건축 운동으로 알려지게 된 당대건축의 동질적 해석을 유발했다.

그런데, 19세기 도시 개발과 벤야민 특유의 관찰 사이에는, 아돌프 로스의 작품과 그의 전통에 관한 비판적 입장이 자리 잡고 있다. 로스의 작품은, 그리스 신전과 자동차 간의 르 꼬르뷔제의 유추가 추상 형식미학으로 종결되는 곳에서, 떠오르는 현대적 삶의 조건들이라기보다는 거주하기 전통의 특정한 측면들을 상기시킨다. 그리고 예술과 기술의 이분법에 대한 바우하우스의 집착이 건축을 생산라인에 공조시킬 때, 로스의 작품에서 우리는 기술에 대한 유보된 관심을 식별한다.

로스의 슈타이너 주택(Steiner House)은 논점의 한 사례를 제공하는데, 전통에 관한 그의 담론을, 첫째, 유형학적 재해석의 견지에서, 그리고 둘째, 자신의 주택들 내부의 촉각적 측면과 미학적 측면의 구별과 관련지어 예시한다. 이 두 논점이 드러내는 것은, 현대적 삶의 현실과 거주하기 전통이라는 지속적 특성, 이 양자를 위해 생각하고 디자인하는 것 이외에는 아무 대안이 없다는 로스의 믿음이다.[3)]

19세기 초의 사회문화적 발전과 경제적 발전은, 산업사회 이전 사회의 통합된 전체성을 흔들었다. 도시 속으로의 기차의 침입과 철도역사와 아케이드 건축은, 도시의 균질적 정면을 중단시켰을 뿐 아니라,[4)] 더 중요하게는, 사적 공간과 공적 공간 간의 전통적 상동관계를 변형시켰다. 아케이드의 공간 형상은 과거와 현재의 시각적 몽타주를 제시했으며, 새로운 지평을 열어 천창 빛이 장소를 밝혀 모든 대상이 상품으로 보일 수 있게 했다. 심지어 인간의 몸도 잠재적 구매상품이 되었다. 매춘부들의 모습이 "벽감 속의 성상처럼 아케이드에 전시되었다. 군중들 사이를 어슬렁거리는 산보자(flaneur)들은, 지나가버린 "집"의 느낌을 상기할 수 없었고, 소외된 대상이라는 자신의 특성 속에 자신을 상실했다. 도시적 삶의 급격한 변화와 도시의 전통조직 간에 떠오르는 대조는, 잠자는 이의 깨어나는 순간, 그러니까 꿈이 현실로 구체화되는 정적(靜的) 순간으로 연상될 수 있겠다. 이러한 변화를 보면서 우리는, 로스의 내부들은 공적 영역의 충격적 변성(變性)으로부터의 은둔 장소로 생각되었다고 주장할 수 있다.

현대성과 전통의 이중성의 출처는, 고대인과 현대인의 싸움으로 역추적할 수 있다.[5)] 그것은 또한 당대의 예술작품, 예컨대 구속(救贖)의 기쁨이 강력한 소속감에 정박된 베토벤의 심포니들이나, 다다이즘과 큐비즘을 예고하는 기법으로 미개인들을 나란히 세운 앙리 루소(Henri Rousseau)의 회화들에 표현된다. 이러한 작품들의 꿈과 같은 특성을 넘어, "새로운 자연" 대상들의 각성적 잠재성들을 펼칠 수 있는 것은, 벤야민의 "역사의 천사"였다.

> 새로운 천사(Angelus Novus)라는 제목의 폴 클레의 그림은, 마치 눈을 꽂은 채 상념에 잠겨있는, 어떤 것으로부터 막 떠나려 하듯 바라보는 천사를 보여준다. . . . 천사는 머물고 싶어 하고, 죽은 자를 깨우고 싶어 하며, 박살난 것을 원상회복시키고 싶어 한다. 그런데, 낙원으로부터 폭풍이 불어오고 있다. 폭풍이 맹렬하게 날개를 꼼짝달싹 못하게 하여, 천사는 더 이상 날개를 접을 수 없다. 이 폭풍은 그가 등을 돌리고 있는 미래로 버틸 수 없이 떠밀고, 그의 앞에 놓인 잔해 더미가 쌓여 하늘로 치솟는다. 우리가 진보라 부르는 것은 이 폭풍이다.6)

벤야민의 사유가 암시성을 지니는 것은, 주로 "진보"에 대한 긍정적이면서도 비실증주적인 해석 때문이다. 여기서, 진보는 소실점이 현재에 고정되어 있는 관점에서 보이는데, 그 구성 원리는 몽타주다. 이러한 원근법의 역전은, 과거와 현재의 관계에 대한 상이한 이해를 수반한다. 벤야민에게 당대 도시적 삶에서 "새로운" 것은, 전통을 세속화된 방식으로 재수집할 수 있을 능력이었다. 로스의 작품은, 문화가치의 세속화 과정의 시적 차원에 대한 벤야민의 높은 평가의 건축텍토닉 표현으로 제시될 수도 있겠다. 로스 작품의 이러한 측면은, 그가 건축을 예술의 영역에서 배제하고, 그것을 무덤과 기념비 건축에 한정한 것에 함축되어 있다.[7)]

변증법적 이미지라는 아이디어는 또한, 1910년에 지어진 로스하우스(Looshaus)에서 건축형태를 달성한다(도판 7). 로스하우스는 로스의 작품들 중 가장 복잡하고 논란이 되는 작품이다. 베

도판 7. 로스의 〈로스하우스(Looshaus)〉, 미카엘플라츠, 빈, 1909-11. 전경

네데토 그라바뉴올로(Benedetto Gravagnuolo)가 이 건물을 심도 있게 분석했다.[8] 여기서 나의 관심은, 로스가 활용한 바의 몽타주 개념의 중요성을, 첫째, 로스하우스의 매스방식으로, 그리고 둘째, 미카엘러 플라츠(Michaelerplatz)와 로스하우스의 관계로 논증하는 것이다. 로스하우스의 삼분법 구성은, 고전양식 언어와 연관될 수 있을 것

같다. 그런데 우리는 이러한 인간형태 중심주의 유추 이외에, 형태와 재료의 은유적 운용과 기억 속의 그 생명력에 대한 로스의 관심을 지적할 수도 있겠다. 지상 층 바닥의 비내력 기둥의 돌, 그리고 기둥과 현관 창 사이의 공간은, 고전전통에서 도출한 공공건축을 나타낸다. 대리석을 단지 물질적 실재라는 견지에서뿐 아니라, 데메트리 포피리오스(Demetri Porphyrios)가 "양식의 밀도"라 불렀던 것, 즉 "고전주의가 그것에 이미 할당했던 코드화 된 의미"로 생각한 것은, 로스의 공적이다.[9] 로스는, 자신이 "재료 뿐 아니라 형태 또한, 장소 그러니까 대지와 대기의 특성과 묶여있다"고 제안했을 때, 자신의 작품의 그러한 측면을 인식했던 것 같다. 한편, 그라바뉴올로가 우리에게 상기시키듯, 입구의 독창적인 창의 곡선은 광장 형태에 따라, 로스하우스를 광장에 연결시킨다(도판 8). 이 형상은 또한, 미카엘러 플라츠 그 자체의 전체 형태를 완성시킨다. 그러면서 지붕의 석회도료는, 건물을 "하나의 전체로서의 비엔나 도시의 역사"[10]와 연결시킨다. 모양과 크기가 동일한 창들을 가진, 플라스터로 마감된 상부 네 개의 층은, 전통 주거의 형태적 측면과 촉각적 측면을 외연한다. 로스는, 지역 전통과 고전 전통 요소들을 병치함으로써, 현대도시의 동질적 건축언어의 모든 가능성을 부정한다. 실제로, 그렇게 격렬한 대중의 반대의견을 유발한 것은, 바로 로스하우스의 꿈같은 이미지였다. 건물의 풍자들은 아이러니하고 아주 적절하다(도판 9와 10). 그것들은 로스하우

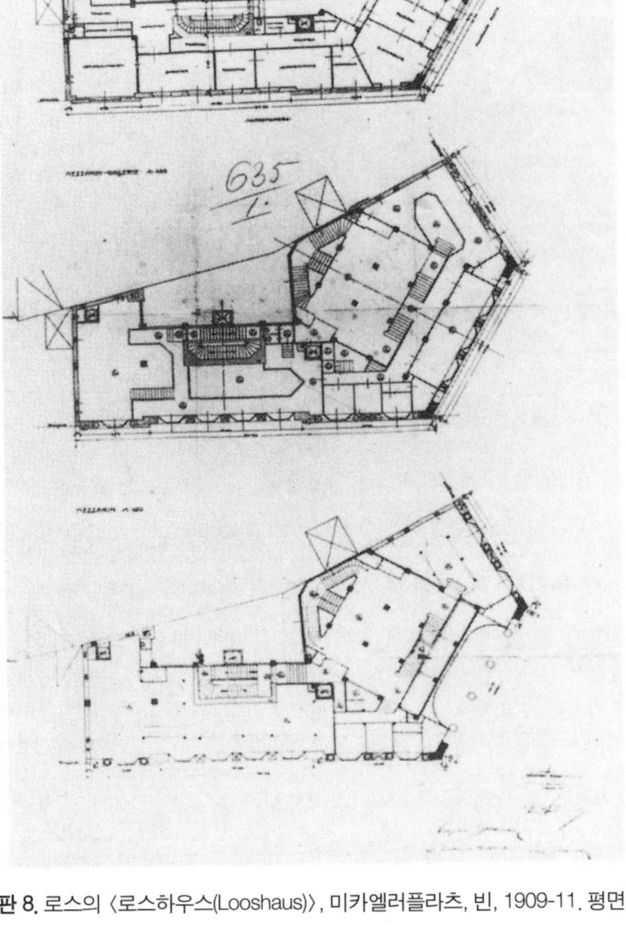

도판 8. 로스의 〈로스하우스(Looshaus)〉, 미카엘러플라츠, 빈, 1909-11. 평면.

도판 9. 〈로스하우스(Looshaus)〉를 그린 당대의 만화.

도판 10. 〈로스하우스(Looshaus)〉의 정면을 그린 1911년 만화

스를, 지상 층의 고전 기질을 상기시키는 외관을 지닌 귀족의 형상이나, 상층부의 엄격하고 합리적인 특징을 참조하면서 거리의 맨홀을 노려보는 행인의 모습으로 묘사한다. 그럼에도 불구하고 로스의 디자인이 확언하는 것은, 몽타주의 수법이 짓기 문화의 파편들로부터 새로운 유형을 구축하는 원리라는 사실이다. 이 마지막 논점은, 슈타이너 주택에 대한 다음 해석을 옹호한다.

슈타이너 주택은 몽타주 아이디어를 내-외부 공간과 전-후 입면의 변증법으로 구현한다(도판 11). 주택의 도시 이미지를 제시하기 위해, 로스는 내부를 외부의 대립으로 지각한다. “건물은 외

도판 11. 로스의 〈슈타이너 주택(Steiner House)〉, 빈, 1910.

부에서는 침묵해야 하고, 그 풍부성을 오직 내부에만 드러내야 한다."[11] 로스 주택들의 소박하고 단순한 정면들은, 주택의 고대 에토스와 토착 에토스를 위해 자신의 담론을 고전 언어로부터 떼어놓는다. 주택 내부는 거주자의 체현된 경험에 순응해야 한다는 로스의 신념은, 주택을 하나의 유용한 문화 산물로 파악하는 토착적 이해를 회상시킨다. 로스는 자신의 부모 주택을 언급하며, "모든 가구, 모든 사물, 모든 대상은 말할 이야기 곧 가족사를 가졌어"라고 했다. 그리고 그는 다음처럼 연이어 말한다. "집은 결코 완성되지 않았어. 그것은 우리와 함께 성장했고, 우리는 그 안에서 성장했어. 물론 집은 거기에 어떠한 양식도 가지지 않았어. 그렇지만 우리 집이 정녕 가진 하나의 양식이 있었는데, 그건 그 집 점유자의 양식 곧 우리 가족의 양식이야."[12] 이 말은"인공물의 진정성"이라는 벤야민의 개념과 연관될 수 있는데, 그 아우라 곧 유일무이성은 사회문화적 가치와 기술적 가치가 인공물에 주입됨으로써 정당화된다.[13] 이러한 맥락에서 주택은 기호로서, 그러니까 건축 요소의 구문이 코드화 되고, 사용이 집단적으로 식별되는 하나의 문화 인공물로 생각된다. 그런데 로스는, 전통 주택의 사용가치의 특성과 그 공간적이고 경제적 상품화의 차이를 재빨리 가려내고 확인했다. 로스는 이렇게 주장한다. "상품 생산자와 소비자 간에는 항상 어떤 정신의 유대가 있지만, 생활을 위한 방에까지 확장될 수는 확실히 없다."[14] 만약 (내부가 여전히 전통주거의 어떤 촉각적 측면과 시각적 측면을 유지하는 곳에서) 내부와 외부의 이러한 암시된 구분이 메트로폴리스의 공간조직에 확장된다면, 내부와 외부의 관계에 대한 로스의 이해는 문화와 기술의 이분법에 의해 추동된다고 주장할 수도 있겠다. 이 이분법은 또한, 상품생산 법칙의 마법에 의해 그리고 그 마법 아래, 정신적 가치의 세속화 과정을 가속하는 필터이기도 하다. 내외부의 이원성에 대한 로스의 관심은 또한, 산업화 이전 문화의 붕괴와 우리 몸에 끼치는 그 영향에 대한 인식을 드러내기도 한다. 우리는, 메트로폴리스의 개인은 "자신의 주체적 삶을 변형하기 위해 자신의 손에서 모든 진보,

정신성 그리고 가치를 낚아채는, 사물과 권력의 거대한 조직의 한 낱 톱니바퀴 이빨이 되었다"[15]라고 하는 게오르그 짐멜(George Simmel)의 관찰을 생각한다. 로스는 이러한 변형 속에서 내부를, 개인이 거기서 심지어 짧은 회복 기간 동안에도 지나가버린 주체의 정신성을 재수집할 수 있는 하나의 위락의 장소로 지각했다. 로스의 초기 주택들의 화로의 현존, 노출된 목재 보, 그리고 광범위한 목재 사용은, 강한 친밀성과 온기의 감각을 불러일으키는 것 이외에, 내가 곧 논의하게 될 그의 건축이론의 필수적 개념인 피복에 관한 생각 뿐 아니라, 문화와 문명의 균열에 대한 그의 관심을 표명한다.[16]

슈타이너 주택에서 몽타주 아이디어의 의미는 또한, 로스의 유형의 변형의 견지에서 이해해야 한다. 슈타이너 주택의 전반적인 매스는, 1508-10년에 건립된 발다사레 페루찌(Baldassare Peruzzi)의 빌라 파르네시나(Villa Farnesina)를 연상시킨다(도판 12). 양옆에 두 날개를 지닌 중앙 로지아가 있는, 말발굽 모양의 평면상에 건립된 빌라 파르네시나는, 팔라쪼(궁정) 형식의 중정을 재해석하고 있다. 주출입구는 로지아의 중심에 있는데, 로지아의 정원 전면은 정원으로 열리는 문이 있는 하나의 단순한 직선 벽을 포함한다. 정원 부분과 주출입구의 유사한 배치가 슈타이너 주택에서 작동한다. 물론 이 두 건물 간의 중요한 차이는, 스케일상의 차이는 말할 필요도 없고, 언어와 내부공간 조직에 있다. 더구나, 하나는 공간

도판 12. 페루찌(Baldassare Peruzzi)의 〈빌라 파르네시나(Villa Farnesina)〉.

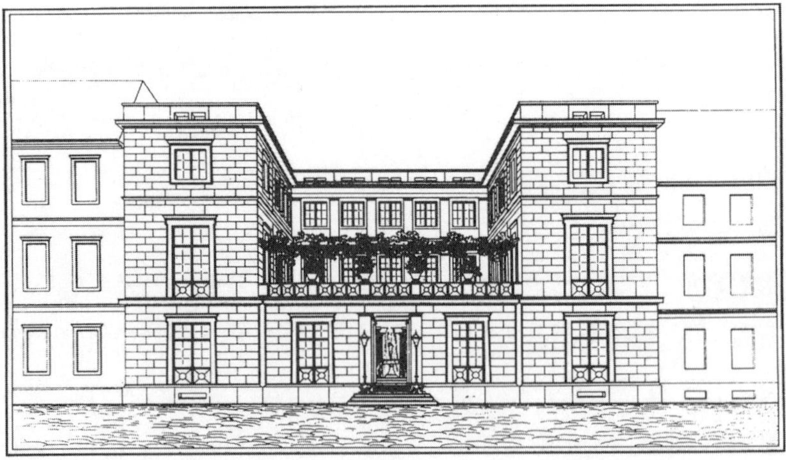

도판 13. 쉰켈(Karl Friedrich Schinkel)의 도시주거 프로젝트.

의 수학적 배치에 대한 르네상스 관심에 여전히 묶여 있고, 다른 하나는 그와 같은 규범적 접근을 초월하여 내부공간을 *라움플란*(*Raumplan*)이라 명명되어온 방식으로 의도적으로 배열하고 있는 것을 보여준다. 나중에 이 주제로 다시 돌아오겠지만, 이 두 건물에 대한 포괄적인 유형학적 분석은, 칼 프리드리히 쉰켈(Karl Friedrich Schinkel)의 베를린 소재의 도시주거 디자인을 언급하지 않고서는, 공정할 수 없을 것이다(도판 13).

단순화된 입면, 도시조직을 위한 중정형식의 전용(轉用), 그리고 주택의 단면구성을 변형시키려는 전략적 의도는, 쉰켈의 디자인과 로스의 슈타이너 주택 디자인의 특징이다. 인습적 형태의 중정은 대개 사적 공간으로 여겨진다. 그런데 쉰켈은, 중정을 주택 전면에 배치하고, 그것을 거리를 내려다보는 테라스를 형성하는 주 층(*piano nobile*)까지 들어올렸다.

그러나 로스의 개입은 쉰켈보다 훨씬 더 급진적이다. 첫째, 슈타이너 주택은 중심 중정을 없앤다. 둘째, 그것은 페루찌와 쉰켈 양자에게 중요한 건축텍토닉 요소인 로지아를, 주 정면 중심부의 일층 바닥 앞에 출현하는 돌출부로 축소한다.

로스는 다시, 쉰켈과 페루찌의 통찰력이 끝난 지점에서 물질적이고 촉각적인 감수성의 견지에서 출발한다. 빌라 파르네시나의 정면은, 엄격히 알베르티의 건축과 몸의 유추에 묻힌 르네상스 언어 내에서 지각된다. 쉰켈은 그 언어를 추상적으로 해석하여 제시했다. 그는 기둥과 벽에 관한 알베르티의 담론을 기각하고, 제작 로고스를 로마건축의 견지에서 본다. 층화되어 있는 그의 입면은, 로마건축에 보편적인 벽의 구축 기능을 구현한다. 이와 대조적으로 빌라 파르네시나의 정면은, 알베르티의 리니어먼트(lineament, 윤곽선)의 아이디어 즉 기둥들 사이에 볼 수 있는, 주 벽의 매끄러운 마감에 의해 강조되는, 비내력 기둥들을 지닌 외부 벽의 미학적 분절을 상기시킨다. 또다시 로스의 입장은 그의 선배들보다 더 복잡하다. 그는, 로마 벽과 알베르티의 몸으서의 건물의 유추 양자를 추상적으로 해석해서 제시했다. “가장 오래된 건축 디테일”[17]인 피복의 개념은, 로스의 미학적 운용의 핵심이다. 슈타이너 주택의 장식되지 않은 플라스터 벽은, 재현과 유사성의 여지를 완전히 없애는 방식으로 건물의 몸체를 덮는다. 피복 아이디어는 르네상스의 정면의 층화와 다른데, 르네상스는 비내력적이고 장식적인 기둥과 주 층 벽의 벽기둥, 이 양자와 다른 거친 마감(rusticated) 토대를 만들려고 목표했다는 점에서 그러하다. 피복에 대한 로스의 이해는 또한, 외관에 대한 분리주의자들(Secessionist)의 강박과도 다른데, 그들은 한 쪽 끝에서 다른 쪽 끝까지, 그리고 모서리에서 옥상난간까지 건물 몸체를 장식하는 것을 높이 평가하여, 벽이 단단하게 구축되지 않은 느낌을 불러일으킨다. 로스의 피복개념은 곳프리드 젬퍼(Gottfried Semper)의 *피복(Bekleidung)*을 상기시킨다. 젬퍼는 코어-형태와 예술-형태를 구별하여, 문명화 초기에는 공간 만들기의 구조적 필요와 실용적 필요를 달성한 뼈대에 매달린 카펫이 내부공간을 에워쌌다고 제시한다. 그에 따르면, 카펫은 그 이후, 석조 공간폐합, 그러니까 로스가 표현하듯 이차적이었던 고체 구조를 피복하기 위한 양식적 대용물이거나 텍토닉 대용물로 인식되었다. 그럼에도 불구하고 *피복*(Bekleidung)에 관한 로스의 고찰은, 문화와 문명의 이분법의 맥락에서 읽어야 한다. 그의 주택의 내부는, 가정이라는 실용적이고 심리적인 필요에 따라 "옷 입혀졌다." 그러면서도, 단순하고 때로는 파편화된 외부는, 양식적 목적이나 장식적 목적을 위한 "의복dress"[18]으로 결코 축소되지 않는다. 그러나 흰색으로 마감된 슈타이너 주택 외부는, 건립된 볼륨의 고체성을 긍정하면서 비엔나 주거와 하얀 도료를 칠한 지중해 토착 건축의 정면, 이 양자의 전통을 상기시킨다.

로스의 전통해석은 슈타이너 주택의 미학적 고찰 이외에, 자신의 당대인들과 다른 이론적 지평을 드러낸다. 그의 유형의 변형은 자의적이지 않으며, *시대정신*(Zeitgeist)을 반영하지 않는다. 그는, 우리는 로마인들이 그랬던 것과 똑같은 방식으로 지어야 한다고 믿었다. 그러면서도 그는, 현대화를 대신해서 과거의 문화가치를 독단적으로 고수한 적이 없고, 기술 혁신을 맹목적으로 수용하지도 않았다. 로스는 오히려, 자신의 동시대인들 중에서 홀로 "전통을 보존할 뿐 아니라 어느 정도 전통에서 내용을 박탈하기도 했다."[19] 이미 언급했던 바처럼, 로스는 "건축"이라는 제목의 자신의 논설에서 건축과 예술작품을 분리하여, "집은, 누구에게도 호소하지 않아도 되는 예술작품과 달리, 모든 사람에게 호소해야 한다."고 주장한다. 그리고 계속하기를, "예술작품은 인간의 쾌적한 만족을 파괴하는 것을 목표로 삼는다. 집은 인간의 위안에 복무해야 한다."[20] 이 말은, "건축의 죽음"에 관한 현재의 관심에 시사적이다. 로스는, 건축은 사회변화를 도모하는 데 아무런 급진적 역할도 갖고 있지 않다는 생각을 수용했는가? 로스는, 자신의 "체제순응자" 베일의 뒤와 안에 있는 심리적이고 감성적인 세계를 *라움플란*(*Raumplan*)이라는 공간조직에 수용한다. 만약 이것이 로스에 대한 그럴듯한 독해라고 한다면, 형태와 테크닉의 관계에 대해서 뿐 아니라, 건축, 그리고 그 문화와 문명과의 상호작용에 대해서도 중요한 함의들이 존재한다.

이 명제는, 내부공간의 단면조직을 분해하는 공간 전위(傳位)체계인, *라움플란*의 개념에 시사적이다. 공간과 시간의 동시성은, 네 개의 벽과 두 개의 평행 슬래브 내에 공간의 기능적 배분이 한정되지 않는 지각의 지평을 보여준다. 슈타이너 주택으로 시작해서 로스는, 자신의 면 기하학 조직의 기반을, 상이한 바닥들을 각각의 다른 바닥들 위에 자르고 미는 테크닉에 둔다. 케네스 프람프톤(Kenneth Frampton)에 따르면, 삭감은 "공간의 움직임을 창조하기 위해서 뿐 아니라, 한 거주 영역을 여타 영역과 구별하기 위해서도"[21] 쓰인다.

*라움플란*의 개념을 독해하면서, 로스의 평면들에서 계단의 중요성을 빠뜨릴 수 없다. 계단은 그 자체의 기념비성을 상실하면서, 절개의 건축텍토닉 요소로 바뀐다. 계단은, 납작한 평면의 이차원 속성으로 나타나면서 균질 공간이라는 플라톤 개념을 해체한다.

구조 부재와 비내력 부재를 분리할 수 있다고 생각하는 것은, 공간 단면조직의 어떤 변형에도 필수적이다. 정면으로부터의 평면의 독립도, 그러한 기술적 고려에 중요하다. *라움플란*의 그러한 기술적 측면들에 관해 로스가 특별히 언급한 것은 아무것도 없다. *라움플란*에 대한 하나의 후기로, 도미노와 자유평면이라는 아이디어로써 새로운 짓기 기술의 미학적이고 형식적인 함의들을 펼쳐내는 일은 르 꼬르뷔제에게 남겨졌다. 스타니슬라우스 본 모스(Stanislaus von Moos)는 최근에 이 두 자인 전략의 차이를 거론한 바 있다.[22] 바우하우스와 비엔나 분리주의자들에 대한 르 꼬르뷔제와 로스의 비판은 본 모스의 주장에 필수적이다. 그는, 양자 모두 1927년경에 건설된 몰러 주택(Moller House)과 메종 플라닉스(Maison Planix)의 차이를, 그 아키텍토닉 이미지에 새로운 재료와 건설기법이 미친 영향의 견지에서 인식하는데, 이것은 그의 공적(功績)이다. 이 두 프로젝트의 차이를, 기술적 쟁점에 대한 작가들의 고찰이 아니라, 건축전통에 대한 그들의 분기된 접근으로부터 도출하는 것도, 그의 공적이다. 차라 주택(Tzara House)과 빌라 슈타인(Villa Stein)

의 로지아 활용에 대한 비교는, 그러한 해석을 뒷받침할 것이다. 빌라 슈타인은 로지아의 추상적 이미지를 나타내는 반면, 로스는 그 아키텍토닉 요소를 짓기 문화 내에서 재해석한다. 그런데 르 꼬르뷔제에게 자유평면과 자유로운 정면은, 자신의 5원칙으로 명백하게 진술한 바처럼, 짓기 전통을 증류시켜버린다. 슈타이너 주택의 곡선 지붕에서부터 호너 주택(Horner House)의 금속 배럴지붕에 이르기까지, 모든 디자인은 로스에게 지역의 주제와 고전의 주제를 재수집하는 기회다.

앞서 썼듯, 로스의 유형 변형의 문화내용은 프람프톤 관찰의 주안점이다. 그는 로스의 *라움플란*의 정형화를, "토착적인 것이 박탈되면서, 그 대신에 고전주의 문화를 청구할 수 없었던 부르주아 사회의 모순적인 문화유산을 초월하기 위한 건축적 전략"[23]으로 이해했다. *라움플란*의 개념은 부르주아 계급이 자신의 문화 딜레마를 해결하는 데 도움을 주는가? 이 질문에 대한 긍정적 응답이, 건축 세속화의 옹호자로서의 로스에게 보수적 위치를 확보해 주지는 않을 것이다. 또다시 우리는, 로스의 급진적 니힐리즘을 평가하기 위해, 내외부 변증법에 관한 그의 담론을 상기할 수도 있겠다. 흰색으로 마감된 슈타이너 주택 외부가 건축의 죽음과 문화산업의 침묵을 예고한다는 것은 진실이다. 그런데, 그의 주택의 내부들은 살아 숨 쉬는 전통이 전개되기 위한 기회, 아마도 마지막 기회를 제공했던 것 또한 진실이다. 현대성과 전통의 이원성이 지속되기 위해서는, 로스가 자신의 글쓰기와 짓기에서 표현한 종류의, 어떤 특별한 지적 그릇이 필요했다. 그는 결코 현상(現狀)의 문화 권력에 굴복하거나 동화되지 않고, 그 대신 그에 대한 대안으로 자신의 작품을 제시했다.

로스의 사유는 몽타주 기법의 지적 활용을 제안한다. 우리가 세속화에 관한 지안니 바티모(Gianni Vatimo)의 시각에서, 오직 "약한 사유"에서만, 그러니까 시작의 물음을, 항상 존재의 제 일 원리로 회귀하는 헤겔주의 역사주의와 형이상학 뼈대 양자에 반대되는 바로서 접근하는 그러한 담론에서만 기대할 수 있는, 일종의 비판적 탐구를 제안한다는 말이다. 바티모에 따르면, 이러한 제 삼의 길은, "항상 역사적으로 자격을 갖추고 문화적으로 밀실한 이미 주어진 것과 일상적인 것"[24)]에 충실하게 남는 "경험"의 개념을 생각한다. 그의 시카고 트리뷴 빌딩(Chicago Tribune Building) 설계경기 출품작은, 논점의 한 사례로 언급할 가치가 있다. 이 프로젝트를, 현금(現今)의 절충주의의 백조의 노래의 주 선율로 환호하는 포스트모던의 해석에 맞서서, 로스의 고전기둥의 재수집은, 우리가 건축의 다른 의미를 나타내려 시도할 때 "약한 사유"를 펼칠 수 있을 가능성의 영역을 우리에게 상기시킨다. 그리고 그것은 물론, 20세기 중반의 현대성의 시각에서 전통이 눈을 뜨는 순간들의 꿈같은 특성을 드러낸다.

4장_장인 솜씨

프랭크 로이드 라이트의 거주하기 전통

> 나는 현재의 건축 인습과 건축 이상이 허락할 수 있을 것보다 더 전통에 진실하기 위해 전통과 단절하기로 의도적으로 선택했다.[1)]

"전통"과 "거주하기"라는 낱말에서 우리는, 지나가버린 날들에 대한, 글로 써지지 않은 낭만적 탐색을 읽을 수 있다. 만약 이런 식으로 계속한다면 우리는, 전통 재료와 테크닉을 사용하고 자연의 맥락과 융합하고 있는 건물인 "시골농가"를 동경하는 수공예 운동(Arts and Crafts movement)을 연상할 수도 있겠다. 필립 웹(Philip Webb)의 붉은 집(Red House)은 그러한 인습이 건축으로 표명된 바를 나타낸다. 현대성에 대한 부정적 태도가 열어젖힌 공간을 고려하건대, 전통에 대한 비(非)일시적 견해는 불가피했다. 그러나 전통에 대한 수공예운동의 관점은 분명히 장점을 지닌다. 그것은, 세속화를 통한 전통 가치의 청산과정과 연관된 자각을 나타낸다. 달리 말해, 수공예운동 옹호자들은, 발터 벤야민(Walter Benjamin)이 나중에 "아우라의 상실"이라 부른 것(기계화가 전통과 재생산된 인공물 사이에 도입하는 거리)을 볼 수 있었다.[2)] 그러나 수공예 운동은, 전통을 수공업의 아우라에 위치시키고 거주하기의 아이디어를 시골농가에서 지각함으로써, 19세기 역사주의와 거리두기에는 못 미쳤다. 영국 픽처레스크 건축과 차후 그것의 미국으로의 이주는, "퀸 앤(Queen Anne) 양식"의 예법 아래, 거주하기 아우라에 대한 향수적 관점의 주된 측면을 특징짓는다. 토착건축이 전통의 발생기원으로 간주되었다.

엘리엇(T. S Eliot)은 1919년의 글에서, 우리는 과거와 현재의 거리를 극복하기 위해, "역사 감각"을 개념화할 필요가 있다고 단언했다. 엘리엇은, 그것은 "일시적인 것에 대한 감각뿐 아니라 영원한 것에 대한 감각, 그리고 영원한 것과 일시적인 것 모두의 감각"[3)]을 포함한다고 시인했다. 우리는, 아우라의 상실을 받아들이고 일시적 전통 개념을 주장하기 위해 19세기 역사주의 너머를 보아야 한다. 아돌프 로스는 자신의 1910년 아티클 "건축(Architecture)"에서, 산정 호수 환경의 심원한 아름다움과 평온을 찬미하면서, 토착적이면서도 현대적인 거주하기에 대해 다음과 같은 그림을 틀지었다.

> 아! 저게 무엇인가? 이 조화 속의 그릇된 음정. 달갑지 않은 비명같이. 한 가운데, 농부들이 아니라 신이 창조한 농가들 아래, 빌라 한 채가 서 있다. 신의 산물인가, 아니면 나쁜 건축가의 산물인가? 모르겠다. 내가 유일하게 아는 것은, 평화, 고요, 그리고 아름다움이 더 이상 존재하지 않는다는 것이다.[4)]

로스가 초기 정주지에 대해 그렸던 그림은, 원시 건축요소를 분석하는 데 본질적 구성요소인 낭만적 자연관을 나타내지 않는다. 그러나 로스는 당대 건축, 그리고 거주하기 전통과 그것의 관계에, 그리고 우리가 몸의 촉각적 차원과 감정적 차원과 연관해서 아키텍토닉 요소를 경험하는 방식에 관심을 가졌다. 거주하기 전통에 관한 로스의 담론은 부분적으로, "피복"과 재료 처리방식에 관한 곳프리드 젬퍼(Gottfried Semper)의 아이디어에 의해 유발되었다. 그러면서도 로스는, 자신의 건축에서 고전 전통과 토착 전통 양자의 아케텍토닉 측면을 활용했다. 로스는 다음 구절에서 확실히 젬퍼의 아이디어를 전개하고 활기를 북돋운다. "필요성과 전통에 의해 신성화된 옛 형태들을, 어떻게 우리의 새로운 공작방법에 따라 바꿀 것인가."[5] 젬퍼는 메띠에(métier) 즉 역사적으로 공유된 테크닉을 강조함으로써, 수공예운동에 대한 향수적이고 역사주의적인 관점을 능가하는, 전통에 관한 다른 담론을 개시했다.

나의 믿음은, 라이트는 유럽의 지적 유행의 변방에서, 메띠에에 관한 젬퍼의 담론에 하나의 새로운 계기를 제공했다는 것이다. 전통에 대한 라이트의 언급은, 켈리(Smith Norris Kelly)가 가정한 바처럼[6] 보수주의적인 것이 아니라, 그것이 세기 전환의 유럽 리얼리즘 건축의 몇몇 측면들, 특히 유럽의 지역적 내용과 연관될 수 있다는 점에서 준엄하다.[7] 사실, 라이트와 현대건축 운동의 "새로운 선구자들"보다, 메띠에 전통의 상속자로서의 라이트와 로스가 주제의 친연성이 더 많다. 라이트의 작품의 이러한 차원은, 당대 건축의 역사편찬에 소홀히 다루어졌다. 사실, 현대 미술관(MOMA) 전시에 라이트의 작품을 전시할 공간을 마련하는 데 어려움을 겪으며, “국제주의 양식”의 큐레이터들로 하여금 라이트를 피터 베렌스(Peter Behrens), 오귀스트 페레(August Perret), 그리고 반 데 벨데(Van de Veld) 등과 교제하게 만든 것은, 라이트 건축의 그러한 측면 때문이다.[8] 게다가, 전통에 대한 라이트의 언급은, 그가, “새로운 것”에 반대하여 전통을 추구하거나 화석화 된 역사 형태에서 전통을 생각했던 자신의 동시대인들과 자신이 달랐던 방식을 알았다는 사실을 시사한다.

라이트는, 자신의 시기의 절충주의와 국제주의 양식 양자로부터 비켜서서, 전통의 몇몇 측면들로 하여금 “그것들을 실행가능하게 만들고, 그래서 그것들을 청산함으로써 상황에 대해 말하도록”[9] 했다. 더구나 라이트는, 자신의 면 기하학적이고 미학적인 조직으로, “전통에 의해 전승되는 것은 사물이 아니고, 기념비는 더 더욱 아니며, 상황들, 그러니까 외톨이 인공물들이 아니라 그것들을 구축하고 가동하는 전략들”[10]인 은유적 담론을 드러내었다. 라이트의 주 전략은 고대적 충동, 그러니까 그때 그리고 그 이후에도 타당한 고대원리에 대한 감정에 놓여있다. 라이트의 모든 작품들은, 존재와 장소의 관계의 실존적 깊이에 대한 관심을 나타내었다. 그에게 건축은, “자신의 대지를 소유하는 인간이다.”[11] 라이트의 디자인 경제는, 젬퍼의 그것과 마찬가지로, 거주하기 전통의 보편적 에토스, 즉 피복과 축의 구성뿐 아니라 지붕과 화로를 강조한다. 전통에 대한 라이트의 이분법적 접근은 그러면서도, 원문의 힘을 유지시키지 않은 채 고전주의로부터, 그리고 토착적이고 현대적인 담론으로부터 조형 개념을 끌어내는 "이방(heterotopic, 異邦)"[12] 언어를 제시한다. 우리로 하여금 라이트의 구성개념과 면기하학 조직에서 몽타주 아이디어를 추구할 수 있도록 해 주는 것은 바로 그러한 이방 감수성인데, 그는 몽타주 아이디어에 의해, 하나의 통일된 언어를 구사하지 않은 채 상이한 건축텍토닉 표현의 파편들을 결합한다.

라이트는 1893년부터 1910년까지, 초원 건축으로 알려진 은유적 언어를 규정했다. 이 시기를 라이트의 나머지 경력으로부터 구분시키는 것은, 전통을 새로운 수단과 재료로 고쳐 말하려는 시도다. 그는, 수공예 운동 출신 건축가들과 달리, 결코 시골 농가를 동경하거나 고전건축의 힘에 사로잡힌 적이 없다. 그의 과업은 종류가 달랐다. 그는, 고전 전통과 토착 전통의 스펙트럼 안팎에서 디자인하고 생각했다. 켈리가 관찰한 것같이, 우리는 라이트 작품의 의미와 본질을 그러한 극의 긴장에서 발견할 수 있다.[13] 이 주장을 뒷받침하기 위해서는, 라이트의 면 기하학 조직의 이방적 속성을 언급하는 것으로 족하다. 이 디자인 경제는, 십자 축 구성의 특별한 활용에 의해 달성되었다. 이 스타일에 관해서는 워드 윌리츠(Ward Willitts) 주택이 전범인데, 이 주택의 십자 축은 비동질적 공간배분의 심층구조를 지닌다(도판 14). 라이트의 평면에서 십자 축은, 고전건축과 대조적으로 정면성을 떠받치지도 않고, 균제적 질서도 개시하지 않는다. 라이트는 워드 윌리츠 주택에서, 마치 유목민이 그것을 경험하고 있는 것 같은 근본적인 장소감을 불러 일으킨다. 십자 축은 이러한 맥락에서, 대지의 자연적 실존의 추상적 재현, 곧 정위, 정주, 그리고 출발을 위한 장치다. 십자 축은, 르 꼬르뷔제가 나중에 통제선이라 부르게 되는, 구축과 만족을 위한 기초를 뜻한다.[14)]

도판 14. 라이트의 〈워드 윌리츠 주택(Ward Willits House)〉, 하일랜드 팍, 일리노이. 1900.

라이트의 평면에서 십자 축은, 중심부의 공허부를 인간형태 중심주의 담론의 변천(浮沈)에 따라 조망하는 보자르(Beaux Arts) 구성과 다른 함의를 지닌다. 라이트는 그것과 대조적으로, 존재와 장소("거주되고 있는 모든 지역은 중심이라 불릴 수 있는 것을 갖는다. 그것은 그 어떤 것보다 신성한 하나의 장소다."[15])의 관계의 일차적 지각을 위해, 인본주의 관점을 초월한다. 중심은 거의 모든 평면에서 화로에 할당되는데, 거기서 화로의 온기를 통해 달성

도판 15. 라이트의 〈로비 주택(Robie House)〉, 시카고, 1909.

되는 안락은 일시적인 정주의 감정을 자극한다. 멀리서 묘사하자면, 연기가 피어오르는 불 옆에 앉아 있는 사람의 모습이, 거주하기의 가장 원시적인 비언어적 표현이라고 주장할 수도 있겠다. 라이트는 그러한 지각을 자신의 십자 축 평면을 통해 강화한다. 로비 주택(Robie House) 지붕 위로 솟아오르는 무거운 석조 굴뚝은, 존재의 온전성과 대지를 상징하지 않는가?(도판 15). 석조 굴뚝과 부유하는 지붕은 심지어 미학적 구성 이상으로서, 두 원시 본능, 그러니까 이동성의 본능이라는 하나와 안전성의 본능이라는 다른 하나를 내포한다.[16] 라이트는 로비 주택에서, 날아오르는 지붕을 대지에 묶으려고 시도한다. 그러나 그의 후기의 삶과 건축은, "군중정치"의 문화에서는 한 장소와 함께 존재하고 그 속에 거주하는 것이, 설령 불가능하지는 않다손 치더라도, 어렵다는 것을 드러낸다.

부유하는 지붕과 석조 굴뚝이라는 라이트의 기본도식은, 다른 독해를 제시한다. 한 측면에서, 우리는 그의 담론에서 지붕의 특별한 입지와 관계한다. 라이트는 자신의 저술 전반에서, "집"의 감각에 대한 인식을 위해 지붕의 어원의 측면에 대한 특유의 관심을 표현한다. 여기서 라이트는, 지붕은 원시적 삶의 조건의 네 가지 중요한 건축텍토닉 표현들 중의 하나였다는 젬퍼의 주장에 동의하는 듯하다. 이 비교는 두 건축가의 차이를 기각하지 않는다. 젬퍼에게 지붕은, 목공에서 발전되어 나온 하나의 본질적 구축요소였다. 라이트는 명백히, 지붕과 여타 기예들 간의 관계에 덜 관계했다. 그는 오히려 지붕을, 건축의 실존적 구성요소로 보았다. 라이트에 따르면, "인간은 자신의 주택을 자신의 지붕으로 말하게 되었고, 이방인들을 초대해서 앉거나 자신의 지붕 아래 머물게 하기를 좋아했다 . . . . 그의 지붕은 자신의 집의 감각뿐 아니라 자신의 존엄이기도 했다."[17)]

다른 측면에서 우리의 관심은, 라이트의 특정한 지붕형태 처리에 있다. 수평의 차원은 대지와 함께 존재하고자 하는 건물의 "성향"을 반영한다. 라이트는, "건물에서 대지와 평행한 면은 지면과 동일시되고, 건물을 지면에 속하게 만든다."[18)]고 믿었다. 라이트는 자신의 초기와 후기 건물들 전반에서, 하늘에 대한 주목이 수평 시각과 맞비기는 고대의 장소감을 재수집 했다. 수평성에 대한 이러한 존중은, 박스와 같은 방의 성격을 파괴하려는 시도로 확대되었다.

고전 평면의 엄격한 질서를 넘어서고자 하는 욕망은, 미국 주택건축의 다른 사례들에서도 추적할 수 있다. 브루스 프라이스(Bruce Price)의 켄트 주택(Kent House) 평면은 그러한 방향으로 향하는 최초의 움직임들 중의 하나다(도판 16). 라이트는 이 유형을 자신의 쿤리 놀이집(Coonly Playhouse)에서 고쳐 말한다. 그러나 윌리츠 주택에서, 그리고 그 이후 로비 주택에서는 프라이스의 경험을 뛰어넘었다. 이 두 주택에서 라이트는 고전구성의 형태적 일관성을 제

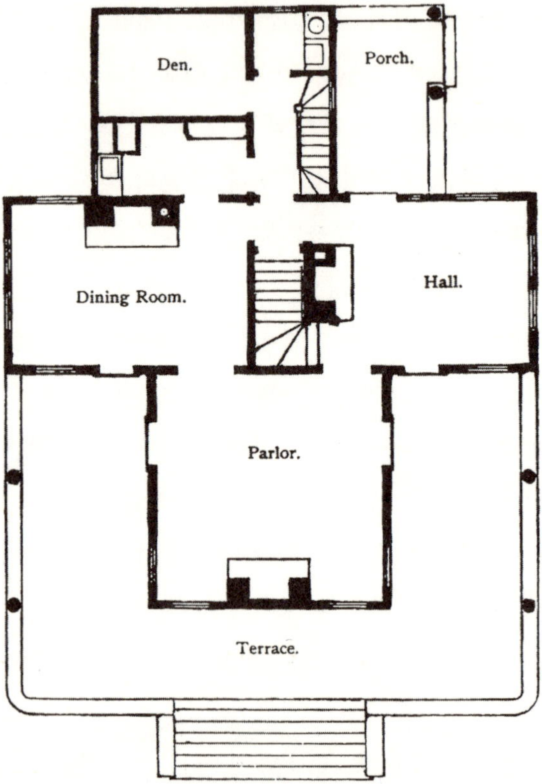

도판 16. 프라이스(Bruce Price)의 〈켄트 주택(Kent House)〉, 턱시도 파, 뉴욕, 1885-6.

거했다. 화로의 강조는, 심지어 기능의 영역까지 넘어 확장하는 분산 감각으로, 변증적으로 강화된다. 미학적 함의의 부담에서 벗어난 벽은, 다른 종류의 질서 그러니까 "일종의 자연의 온전성 즉 모든 것 안에 존재하는 개별의 온전성과 개별 안에 존재하는 모든 것의 온전성"[19]을 발견한다. 라이트의 면 기하학 조직은, 대지에의 소속과 부속을 극대화하기 위해 대지에 따라 뻗치고자 하는 건물의 "욕망"에 대한 응답으로 읽을 수 있다. 이와 관련해서는 마틴 주택(Martin House)이 범례다(도판 17). 평면은 벽체의 이론적 근거를 바꾸고, 그 대신 건물 주변에 수평으로 달리는 벽돌 벽에 의해 분열된다. 라이트의 디자인 테크닉은, 폐합에 대한 복잡한 지각을 드러낸다. 그것은 기둥과 벽의 몇몇 측면들을 나타낸다는 것이다. 그와 동시에, 그것은 그 둘 어느 것도 온전하게 나타내지 않는다.

도판 17. 라이트의 〈마틴 주택(Martin House)〉, 버팔로, 뉴욕. 1904. 평면.

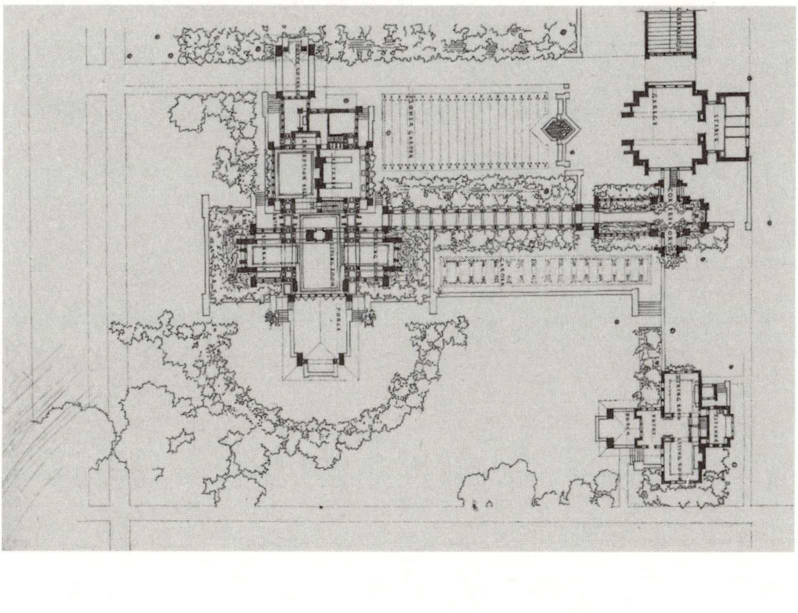

그리고 내부와 외부를 분리시키는 엄격한 경계 또한 능가한다. 내부는 외부의 일부로 보이고, 내외부 모두 풍경의 일부로 보인다.[20] 마틴 주택의 평면은 돌 울타리로 규정된 원시 장소감을 상기시킨다고 결론지을 수도 있겠다.

라이트 건축의 이방(異邦)적 특성은 그의 면 기하학 구성에 한정되지 않는다. 그것은 또한 라이트의 미학 가치의 안정화와 재료 처리에서도 작동하는데, 이 언어의 출처는 고전 전통과 토착 전통 양자에서 추적할 수 있을 것 같다. 1893년이나 일찍 디자인된 윈슬로우 주택(Winslow House)의 가로에 면한 정면은, 그 엄격한 구성 질서로 인해 정원 쪽에서 식별할 수 있다(도판 18). 건물 주변을 두르는 코니스와 그 위의 재료의 변화는, 하나의 일관된 구조적 혹은 미학적 실체라는 벽의 개념에 거스른다. 이러한 방해는, 벽돌로 피복된 목재 프레임의 텍토닉을 표현한다. 이 주택의 가로에 면한 입면에 현저한 삼분법 구성 질서는, 설리반의 출입구, 미학적 가치를 안정화시키는 고전 규범, 그리고 토착 주거를 대변하는 지붕 등으로 이루어진 몽타주다. 지붕, 주 구조 프레임의 연장인 지붕 아래의 프리즈(frieze), 그리고 벽돌 폐합은, 몽타주에 의해 결합된 세 개의 공간 구성개념으로 지각될 수 있다.[21] 우리는, 라이트의 디자인 경제가 수공업의 도덕성과 고전 건축언어 바깥에서 작동한다고 주장할 수 있다. 그의 작품은, 규범적 수법이나 코드화 된 양식 언어를 넘어서 작동하는, 사유하기와 만들기

도판 18. 라이트의 〈윈슬로 주택(Winslow House)〉, 리버 포리스트, 일리노이. 1893. 정면과 배면.

의 한 방식을 시사한다는 것이다.

가소성 개념은, 라이트의 텍토닉 형상을 이해하는 데 필수적이다. 라이트에 따르면, "가소성은, 결과에 명백한 그러한 구축된 효과의 온전한 부재를 뜻한다. . . . 이것이 의미하는 바는, 재료의 특성과 속성이, 자르고 결합되는 과정에서 건립되어 나오는 것으로 보이는 대신, 형태 속으로 흘러들어가거나 성장해가는 것처럼 보인다는 것이다."[22] 이 진술은 피복 원리를 고수하고, 주어진 재료에 필수적인 형태 감수성을 표현한다. 가장 오래된 건축 디테일인 피복에 대한 로스의 아이디어는, 초기의 벽의 상대가 석조 폐합의 건축텍토닉으로 변형되는 과정을 논의하는 젬퍼의 *피복*(*Bekleidung*)에 관한 논평이다. 로스는 젬퍼에 따라, 피복이 건축의 첫 번째 측면이고, 벽의 구조적 특성은 차후에 나타난다고 주장한다.[23] 피복 아이디어는, 워드 윌리츠 주택에서 생생하게 작용한다. 목재창의 띠들이, 그 밑에 있는 프레임을 유사하게 시사하며 스타코의 이음매를 덮기 위해 확장된다.[24] 라이트는, 자신이 하고 싶어 한 가소성을 달성하기 위해, 다른 디자인 경제를 전개하곤 했다. 유니티 템플(Unity Temple)에서는 폐합으로부터 떨어져 서 있는 네 개의 육중한 콘크리트 기둥이, 최종형태에서 구조 요소의 직접적 표현을 거부하는 텍토닉 형상을 말해준다(도판 19). 여기서 "가소성은, 뼈대 자체의 전통과 대조적으로, 뼈대를 덮는 표현적인 살에서 볼 수도 있다."[25] 물론 이것은, 라이트가 새로운 건설기술

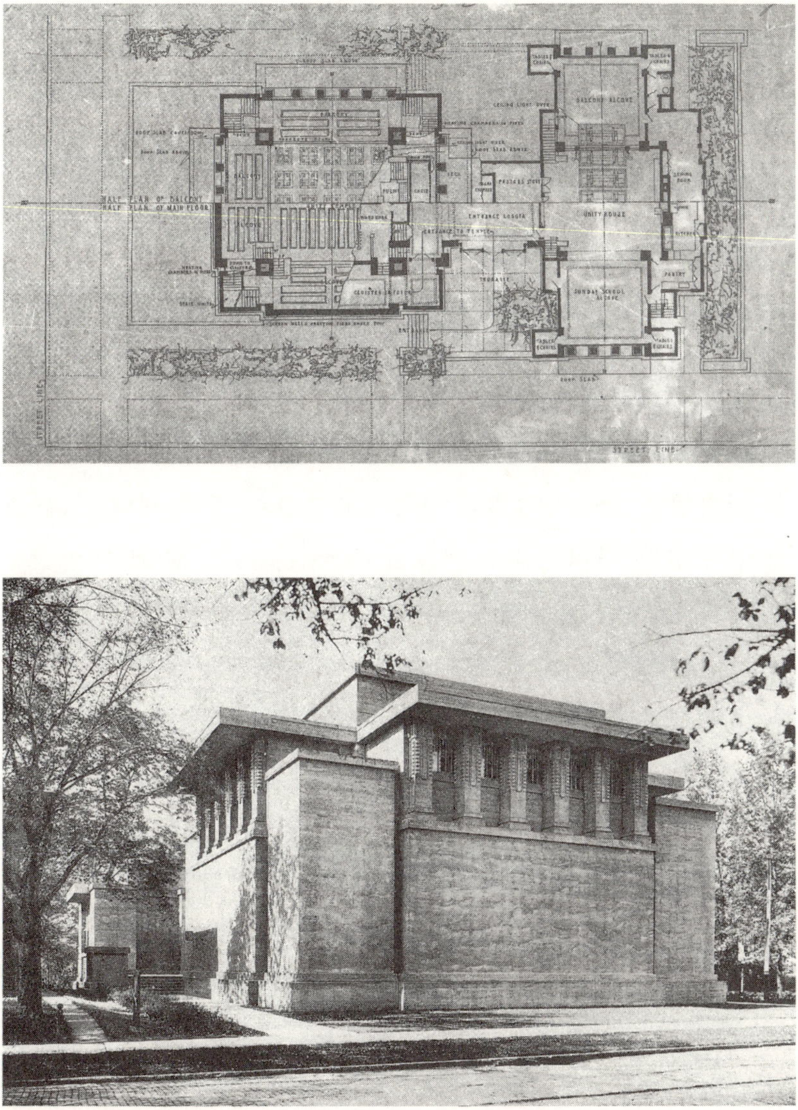

도판 19. 라이트의 〈유니티 템플(Unity Temple)〉, 오크 파크, 일리노이. 1906. 평면과 도로 전경.

을 싫어했다는 것을 시사하지 않는다. 라이트는 1930년 프린스턴 강의에서, 건축 시학에서 기계의 중요성을 명백하게 강조했다. 그러나 라이트는 자신의 디자인에서, 구조적 합리성과 형태의 표현적 측면의 유사적 관계를 달성하기 위해 애썼다.

라이트의 가소성 개념은, 재료의 질적 측면을 의문에 부치지 않았다. 벽돌을 벽돌로서, 콘크리트를 콘크리트로서 봐야한다는 그의 주장은, 수공업 도덕성을 능가했다. 장인은 규칙과 반복적 규범 안에서 운용한다. 라이트는 재료와 형태를 구분하기를 거부했다. 그러나 그의 형태 이미지는 전통 규범을 능가했고, 차이를 지향했다. 라이트의 지각세계의 복합성은, 구축 형태와 그 텍토닉 형상화 사이공간에 머물렀다. 존슨 왁스 빌딩(Johnson Wax Building)과 플로리다 남부 대학(Florida Southern College)의 "수련 부엽(浮葉)" 모양의 콘크리트 기둥은, 형태의 기능적 측면을 소진하고 중력의 힘에 도전한다. 라이트의 텍토닉 형상은 유니테리언 교회(Unitarian Church)에서 비판적 차원을 달성했다. 정면 창은 부지의 경사를 따르고, 막 가라앉는 듯 하는 감정을 일으킨다. 내가 앞에서 언급했듯, 라이트에게 소위 재료의 본질은, 일반화된 추상도, 실제적이고 습관적인 용도에서 특성이 나타나는 실체도 아니었다. 각각의 재료는, 다른 것들과의 연관성 안에서 표현된다. 유니테리언 교회에서 유리와 돌의 특이한 병치는, 돌의 견고성에 대립하는 유리의 허약성을 시사했다. 이와 동일한 태도가 창문 디자인에도 작용했다. 라이트의 건물에서 창은, 유리와 금속의 얽힌 대화를 창조한다. 그는, 유리가 금속판에 종속될 정도까지 그 두 재료의 형태적 잠재성을 이용했다.

우리는 라이트의 재료에 대한 감수성에 설득되어, 그의 건축은 국제주의 양식의 추상적 순수성으로 환원할 수 없고, 그의 텍토닉 형상 또한 절충주의 픽처레스크 속성에 비교될 수 없다고 주장하게 된다. 라이트는 자신의 시대 즉 시대정신(zeitgeist)을 뛰어넘어, 다른 건축언어로 형태 이미지를 창조했다. 라이트의 건축에서 "언어는 더 이상 구축된 공간과 관계하는 자연의 연속성의 조직이 아니라, 조상의 원형을 우리의 시선 앞에 다시 붙들어둠으로써 그 문명의 기억을 보존하는 도구다."[26] 라이트의 형태 이미지는 원시 건축요소의 급진적 변용의 결과다. 그는 이러한 도치(倒置)로, 형태의 역사성을 초월했고 전통에 대한 일시적 이해를 표현했다. 라이트의 텍토닉 형상은, 지금과 동면 중인 과거의 극한의 긴장으로 판타지아,[27] 그러니까 현대성과 전통의 극한의 대립을 대화적으로 서술하는 시적 지혜로 서있다.

이제 우리는 비코(Giambattista Vico)에 따라, 특수한 것을 보편적 형태로 사유하는 예술이 메띠에의 정수라고 주장할 수 있겠다. 그러나 이 맥락에서 우리는, 라이트의 작품을 젬퍼 사유의 어떤 측면과 연관 지을 수도 있겠다. 이것을 라이트는, 화로, 지붕, 그리고 피복원리를 재수집 함으로써 승인한다. 라이트는 그러한 원시

요소들을 이용하여, 비재현적이고 형식적인 건축을 확립한다. 그의 작품은 역사를 증류시키고 거주하기의 보편적 에토스를 새롭게 출산한다. 그러나 라이트의 상상력은, 추상에서 끝나지 않고 하나의 특별한 의미로 인도한다.[28] 그의 은유적 언어는 건축을 삶의 구체적 조건 속에 입지시킨다. 라이트는 시카고에서 캘리포니아에, 그리고 일본에 이르기까지, 지역주의 주제를 정식화한다.[29] 중서부의 지붕처마와 정원 테라스는, 애리조나 사막의 탈리에신 웨스트(Taliesin West)의 탈색된 판과 상자모양의 목재 프레임만큼이나 설득력 있는, 지역성을 띤다.[30] 그러나 초원 주택은 고향땅의 거주에 대한 자신의 딜레마를, 그러니까 차후에 문화산업에 의해 강요되는 이동성의 욕구에 대립하게 된 초기 이주자들의 정주를 위한 본디 욕망을 표현한다.

마지막으로, 우리는 전통에 관한 라이트의 입장을 언급하면서, 그의 이분법적 태도가 자신의 마지막 작품에서 비판적 깊이를 펼쳐낸다고 결론지을 수 있겠다. 구겐하임 박물관(Guggenheim Museum)의 이방(異邦)적 특성은, 메트로폴리스의 위력이 그로 하여금 아우라의 상실을 받아들이도록 재촉했다는 것을 시사한다. 여기서 화로 곧 초원건축 시기의 지배적 요소는 그 성스러운 본질을 상실한다. 이러한 변형은, 문명과 전통의 두 극들 앞에 펼쳐진 공간에서 발생한다. 하나는 엘리베이터의 기계 움직임에서, 다른 하나는 경사로의 나선형의 연속에서 상징화된다. 나선으로 움직이는 길을 따라 움직이며 벽에 걸린 예술작품을 보면서, 우리는 동굴 벽화의 집단적 무의식적 기억에 시달린다. 그럼에도 불구하고 이 감정은, 중심이 인간형태 중심주의 이야기를 자극하지도, 초원 주택처럼 그 형태의 힘을 유지하지도 않는 지상 층에 도달할 때 사라진다. 불의 온기는 사라지고, 그와 함께 이산(離散) 욕구도 사라진다. 라이트는 이 빈틈을 중심 바깥으로 밀어내어 경사로 근처에 분수대를 위치시킴으로써 강조한다. 무대는 완성되고, 천창에서 쏟아져 내려오는 빛에 의해 극화 된다. 이번에는 빛이 이성의 메신저가 아니다. 빛은 그 대신 이방을, 우리가 거주하기의 전통을 "회상케 하는" 언어로 세례를 베푼다.

5장_미스 반 데 로에

벽과 기둥의 계보

미스는 60년대 이후, 포스트모던 건축의 보수와 급진 진영 양자의 비판의 대상이 되어왔다. 로버트 벤츄리(Robert Venturi)의 모토 "더 적은 것은 지루하다(less is bore)"와, 미시간 호수 속으로 가라앉는 크라운 홀(Crown Hall)을 묘사하는 스탠리 타이거만(Stanley Tigerman)의 포토몽타주가 보여주는 것은, 미스에 대한 두 극단적 반성이, 미스가 떠난 공허에 직면한 포스트모더니티의 일반적 좌절의 일부분이라는 점이다. 미스는, 자신 이후로는 전위주의(avant-gardism)와 역사주의라는 현대성의 두 주 경향으로 돌아갈 수밖에 없도록 할 지경까지, 현대건축의 언어적 가능성을 고갈시켜 버린, 들뢰즈의 용어로 말하자면[1], "마이너 언어(minor language)"를 창시했다. 이러한 탈기능주의 건축 상황의 해석이야말로, 현재의 건축 상황의 "진리" 내용에 대한 미스적 탐구다.

콜린 로우(Colin Rowe)에 따르면, 1870년대에 시작된 그러한 "일련의 단순화와 구조에 대한 복종"[2] 속에 미스를 입지시킬 수도 있겠다. 그런데 이 관점은, 형식의 단순성에 대한 존중이 어떻게 하나의 새로운 특질을 획득했으며, 20세기 초 몇 십 년에 이르러 확대되었는지에 관한 반성에는 이르지 못한다. 미스의 건축을 어떤 특별한 브랜드 철학의 한 반영으로 간주하는 지평을 넘어서 탐구할 수도 있겠다.[3] 나의 독해는, 이러한 이전의 평가들을 무시하지 않은 채, 미스가 자신의 건축에서 역사적 아방가드의 기획을 특수화 한 주제와 개념에 초점을 맞출 것이다.[4] 나의 주장은, 미스는 일반적으로는 건축텍토닉 요소의 은유적 차원을, 특별하게는 기둥과 벽의 관계에 관한 고전담론을 강등시켰다는 것이다. 나는, 미스의 디자인 경제의 구문론적 차원을 분석함으로써, 구축의 탈신화화 과정, 그리고 내가 미스의 침묵의 구축예술이라 부르고 싶은 것의 실현을 논의하고자 한다.

미스는, 자신의 시대의 베를린 아방가드와 접촉하면서[5], 새로운 질서에 이르기 위해 건축의 인습적 가치를 분해할 과업을 스스로 설정했다. 미스의 지적이고 프로페셔널로서의 모든 삶은, 분해와 형성이라는 두 연관된 극점으로 특징지을 수도 있겠다. 미스는 자신의 초기 디자인에서, 전통건축의 건축텍토닉 요소를 해체하려고 시도했다. 그가 믿기로, “어떤 필연성에 의해서도 움직이지 않고, 어떤 진짜 전통도 지니지 않는 문화 영역은, 방향들 곧 의견들의 혼돈으로서, 기술과 경제의 영역에 명백한 비범한 질서와 대조를 이룬다.”[6] 그래서 미스는, “의미의 규정자이면서 존재의 척도”로서의 질서를 향해 작업하기 위해, 기술의 보편적 정확성을 문화 영역, 특히 건축 영역에 통합시켰다. 미스는 그렇게 함으로써, 주체(생각)와 대상(물질) 간의 틈을 없앴다.

미스는 헤겔의 의미에서, 기술 속에 주입되고 기술과 동일시 된 역사의 추동력이라는 *시대정신*(Zeitgeist)을 생각했다. 그는, "기술은 과거에 뿌리를 내린다. 그것은 현재를 지배하고 미래를 향한다"고 주장했다. 미스는, 기술의 선형적 진보는 그 실용적 차원을 능가하여 "의미와 강력한 형태를 지닌 무엇"[7)]이 될 것이라고 믿었다. 시대의 본질에 대한 이러한 탐구는, 짓기 예술의 내재적 본질에 대한 탐구, 그러니까 "미학적인 모든 것, 모든 교의들, 그리고 모든 형식주의"를 거부하고, 건축을 "오직 그러해야 마땅한 것 곧 짓기로 복원시키는" 관점으로 종결된다.[8)] 미스의 고대화 방법론은, 리커(Paul Ricoeur)가 "회의의 해석학"이라 명명한 것, 그러니까 역사의 권위와 주체의 "형식에의 의지" 행위에 의해 쌓인 분진에 깔려있는 진리의 정수를 찾는 담론과 연관될 수 있을 것이다. 미스의 고고학은 두 가지를 초래했다. 첫 번째는, 그로 하여금 건축을, 외부로부터 부가된 어떤 미학적이거나 양식적 의도 없이, 구축 요소의 견지에서 재고하게 했다. 두 번째는 짓기 예술의 주제의 명료화였는데, 거기에는 구축의 개념이 결정적이다. 이러한 건축의 계보는, 전통 건축언어의 맥락의 세속화 과정에서 그 기원을 찾을 수 있다. 미스 작품의 이러한 획기적 진전은, 현대기술의 체계적 사용에 의해 수행된다. 그럼에도 불구하고, 현재의 관점에서 미스 건축은, 가장 웅변적인 철과 유리의 건축언어를 나타낸다. 그런데 미스는 그 이상이다. 우리는, 그의 건축이 문화산업의 침묵을 예고했다고 주장할 수도 있겠다.

미스는, 1919년에서 1925년까지 단 몇 개의 프로젝트에서 자신의 건축 비전의 어떤 측면을 이미 완수했다. 콘크리트 주택(Concrete House)의 창문 따내기의 자의적 외관은, 미스의 조형적 감수성을 드러내었다(도판 20). 과도한 창문 내기는, 몇몇 구성주의 구성과 연관될 수 있는 역동적 형태 이외에, 전통 입방체 주택을 해체하는 데 일조한다. 지하층 창문의 연속 띠는 건물을 대지로부터 분리시키고, 조각가가 많은 양의 재료로 만들 것 같은 그러한 절단을 모방한다. 진정, 이 주택의 현관은 초대의 "몸짓"이라기보다 절개 행위를 나타낸다.

그런데 미스는 재료를 바꿈으로써, 자신의 목적을 달성할 적절한 디자인 방책을 찾곤 했다. 1923년에 디자인한 벽돌 농가(Brick Country House)는, 미스의 벽돌 벽 처리수법을 예시한다.(도판 21). 이 디자인에서는, 독립된 벽들에 의해 공간이 규정되고 평면이 조직된다. 벽의 요소주의 특징이 너무나 강력해서, 알프레드 바(Alfred Barr)가 1934년이나 일찍 이 평면을 테오 반 되스부르그(Theo Van Doesburg)의 회화 **러시안 댄스**(*Russian Dance*)에 비유하는데 주저하지 않았다.[9] 이 두 작품은 모두, 그 역동적 형상들 너머 각기의 주제를 추상화 한 전형이다. 반 되스부르그의 회화가 춤의 리얼리티

도판 20. 로에의 콘크리트 농가 프로젝트, 1923.

도판 21. 로에의 벽돌 농가 프로젝트, 1923-4, 평면과 투시도.

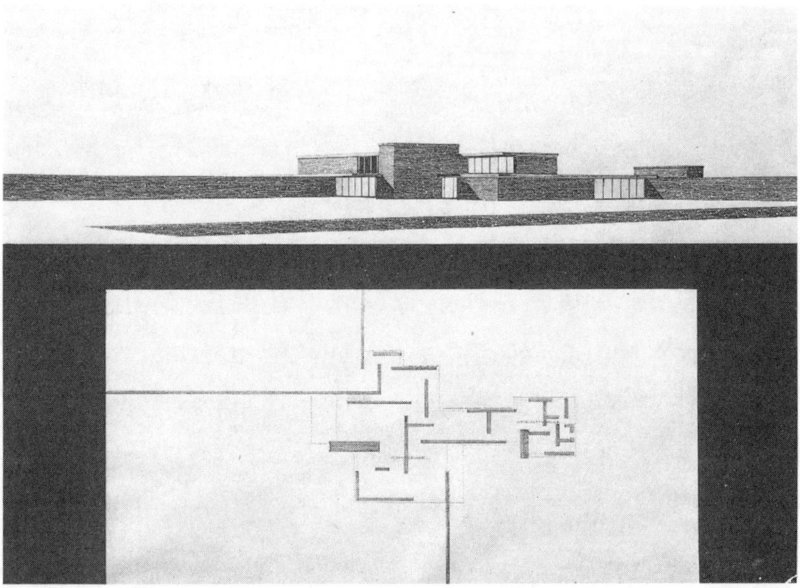

와 재현적으로 아무 상관이 없는 것처럼, 미스의 디자인 또한 그와 꼭 같이 주택의 어떠한 인습적 평면과도 거의 관계하지 않는다. 평면의 조직체로서의 방이 사라지고, 중심이 폐기된다. 벽돌 농가(Brick Country House)는 한 측면에서, 상이한 방들의 경계를 허물고자 한 프랭크 로이드 라이트의 초기 시도를 상기시킨다. 벽의 표현적 속성은 면 기하학 조직 차원에서, 일차원성을 지향하는 추동을 나타낸다. 심지어 벽의 구조적 존재이유마저 불명료하다. 벽의 연장은, 하중을 지지하는 매스가 마치 하중 없이 서있는 면으로 보일 수 있는 지각의 영역까지 도달한다. 우리는 이러한 방사하는 벽을, 건물을 부지에 통합시키는 행위로, 혹은 내부와 외부를 섞는 행위로 읽을 수도 있겠다. 그럼에도 불구하고, 벽의 연장을 끝내는 것은 도면의 가장자리다. 여기서 벽에 대한 미스의 인식은, 로코코 건축의 과도한 장식의 확장을 상기시킨다. 장식의 모티프가 프레임까지 침투되어 장식의 목적을 훼손하는 로코코 건축 말이다. 이와 관련해서 우리는, 미스의 주 의도는, 벽이 오로지 벽의 사실성만 의미할 때까지, 모든 형상적이고 내포적인 차원들로부터 벽을 떼어내는 것이라고 주장할 수도 있겠다.

미스에게 이 단계의 벽의 추상과 건축 대상의 폐기를 넘어서는 진전은, 새로운 디자인 경제를 수반하곤 했다. 기둥을 조형적 구조요소의 도구로 쓰는 것은, 바르셀로나 파빌리온(Barcelona Pavilion)과 튜겐트하트 주택(Tugendhat House)에 확실히 진술되어 있다.

이 두 주택에서 벽은 칸막이 상태로 축소되고, 평면은 어떤 과도한 요소도 제거된다. 미스는 이 지점에서부터, 조형개념이 기둥과 벽의 대화적 관계에 묻어가는 건축담론을 펼친다. 앞으로 논의할 바처럼, 기둥과 벽의 상호작용은 종국적으로, 벽의 온전한 소멸로, 그리고 다양한 겹의 순수한 유리에 감싸인 우리의 몸이 재현적 의도의 완전한 부재로 인해 발생하는 침묵을 경험할 수 있을 공간적 공허의 결정체로 끝났다.

파빌리온의 평면을 분석해보면, 벽 앞에 서 있는 기둥 한 쌍의 구성 모티프가 눈의 띈다(도판 22). 내가 믿기로, 이 건축텍토닉 구문이 기둥과 벽에 관한 미스의 특별한 담론을 펼치는 데 핵

도판 22. 로에의 〈바르셀로나 파빌리온(Barcelona Pavilion)〉, 1928, 평면.

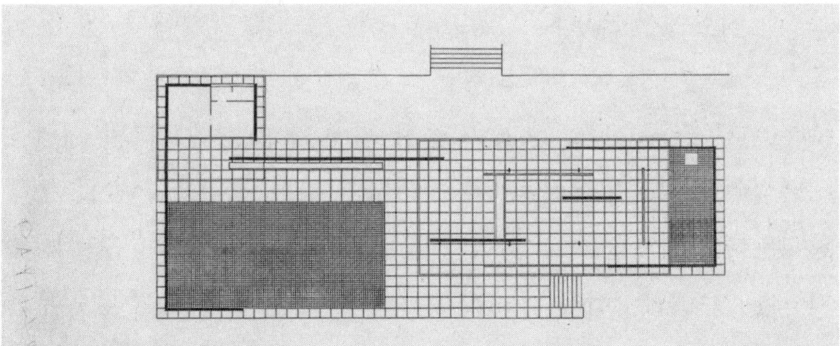

심이다. 그러면서도 미스 건축에서의 기둥과 벽의 계보를 그려내기 위해서는, 기둥에 관한 알베르티(Leon Battista Alberti)의 담론을 검토할 필요가 있다.

벽은 르네상스 건물의 주 구조 체계다. 그런데, 알베르티의 미학이론에서는 기둥이 중요한 위치를 차지한다. 알베르티의 미(美)에 대한 정의[10]와, 기둥은 "모든 건축에서 으뜸 장식"[11]이라는 기둥의 성격에 대한 그의 서술이 모순으로 들릴 것도 같다. 그러나 유사성과 상사(相似)성이 지식의 두 주된 형태인 문화 분위기에서는, 기둥을 장식의 견지에서 지각하는 것이 논리적일 것이다. 푸코(Michel Foucault)의 주장에 따르면, 르네상스 시기에는 "기호들을 지배하는 법칙을 탐색하는 것은, 서로 비슷한 기호들을 발견하는 것"[12]이다. 이 관측은, 우리가 알베르티에게서 "기둥의 열(列)은 . . . 여러 지점에서 개방되고 끊긴 하나의 벽에 불과하다"는 것을 읽을 때 납득이 간다. 알베르티는, "기둥이란 강한 연속된 벽의 한 부분이다"[13]라고 덧붙인다. 기둥과 벽에 대한 알베르티의 개념은 개별적이면서도 동일성을 띤다. 하나가 다른 하나의 존재를 통해 인식된다(도판 1을 보라). 이러한 변증 관계는 기둥과 벽의 내력 기능에 기초하는 것이 아니라, 어떤 더 높은 질서 그러니까 몸으로 이해되는 건물에 대한 유추적 유사성에서 비롯된다.[14] 이러한 의미론적 맥락은, 보와 아치를 뼈대로서, 그리고 리브(rib)를 "충전재"[15]로서 규정하는 알베르티의 특징짓기를, "외피와 뼈대"라는 미스의 은유로부터 구별시킨다. 알베르티에게 아치는 휘어진 보에 다름 아니며, 상인방은 옆으로 누운 기둥일 뿐이다. 건축텍토닉 요소의 이러한 최적화는, 구조의 신체적 특성에 대한 그의 지각에 기초한다. 이와 대조적으로 미스의 비전은, 19세기 기능적 합리주의자에 더 가깝다. 다미쉬(Hubert Damisch)가 언급한 바처럼, 합리주의자들은 구조를, 하중지지 경제의 효율을 중심으로 집합되고 거기에 바탕을 두는 구조요소의 불연속성의 견지에서 보곤 했다.[16)] "적을수록 더 풍부하다(less is more)"라는 개념의 테두리로 구조화된 건축은, 고전 의미론의 언어로부터 자신을 떼어내려고 하고, 기술이라는 사실의 세계와 동일시되려고 한다.

미스의 건축에서 기둥과 벽의 관계는, 오직 그 차이의 인식에서 유지된다. 미스는 파빌리온, 독신자를 위한 주택(the House of Bachelor), 그리고 튜겐트하트 주택에서, 알베르티의 기둥과 벽의 구문을 뒤엎었다. 기둥은 이 프로젝트들에서 하중을 지지하는 요소로 서있지만, 벽은, 말하자면, 기둥과 벽이 동일시되는 질서화 논리로부터 해방되는 것을 나타낸다. 미스의 후기 건축에서, 벽은 중력의 합리성에 더 이상 복종하지 않는다. 오히려 벽은 공간을 분할한다. 그럼에도 불구하고, 기둥과 벽의 병치는 독신자를 위한 주택과 튜겐트하트 주택에서 그 궁극적 복합성을 달성한다. 이러한 상호작용의 의미론적 깊이는, 미스의 예술적 창조성보다는 그 두 요소의 텍토닉 결속과 더 상관성을 띤다. 그러므로 나는, 그러한 프로젝트의 디자인 경제가, 인간과 자연의 더 높은 통합을 달성하고자 하는 미스의 욕망이나, 새로운 구조질서에서 기인하는 것으로 보는 해석들에 동의하지 않는다.[17)]

기둥과 벽의 상호작용 또한, 앞서 언급했던 주택들의 면 기하학 조직의 중요 주제다. 여기서, 평면은 기능의 분류에 의해 조직되지 않고, 벽과 기둥이라는 미스적 모티프의 많은 가능한 구성들 중의 한 가지 사례를 나타낸다. 사실, 이 모티프의 기능은 인습적 평면조직의 방의 모티프와 유사하다. 독신자를 위한 주택과 튜겐트하트 주택에서는 벽이 식당영역을 둘러싸면서도, 앉는 영역이나 침실을 다른 부분들로부터 한정시킨다. 이러한 모든 조합들 중 일관성을 띠고 주목할 가치가 있는 것이 하나 있는데, 그것은 바로, 성격을 부여하고 기둥의 위치를 규정하는 벽이다(도판 23). 기둥은 비록 벽에서 분리되어 있지만, 여전히 그 형태에 종속되어 있다. 방향이 벽에 의해 개시된다는 것이다. 미스는 이러한 배열에서 대립적인 것들 간의 복잡한 연출을 드러낸다. 그 애매성은 튜겐트하트 주택의 식당영역에 제시되어 있다. 창 옆에 있는 두 기둥의 위치는, 한편으로는 구조 질서에 의해, 그리고 다른 한편으로는 벽의 흔적에 의해 결정된다. 기둥이 곡선 벽의 연장으로 실현되는 가상의 원둘레 상에 서 있다.

더구나, 독신자를 위한 주택은 벽의 하중을 지지하는 기능과 벽의 추상적 재현 간의 궁극적 불화를 드러낸다. 기둥의 존재

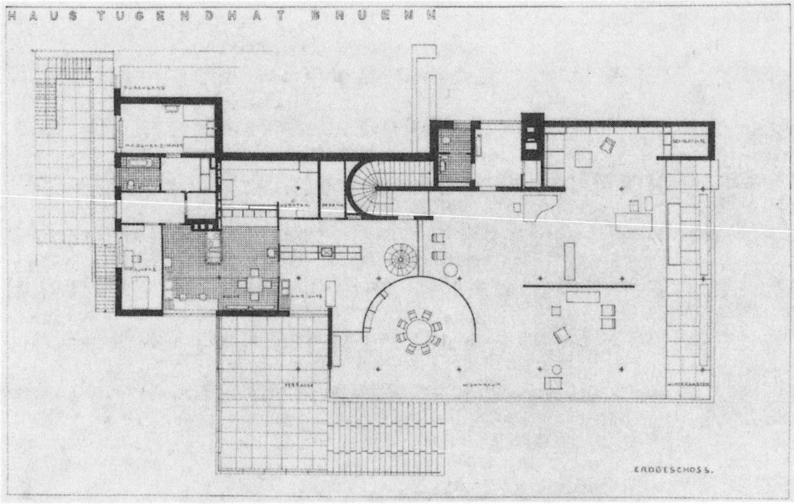

도판 23. 로에의 〈튜겐트하트 주택(Tugendhat House)〉, 1928-30, 지층 평면.

와 결합된 벽의 자유로운 표현적 특성은, 벽돌 농가의 성공적 모의실험이다. 그렇지만, 칸막이를 벽으로 치환한 것은, 구조질서의 인습적 이미지를 붕괴한다. 독신자를 위한 주택의 식당 영역은, 구조 체계를 읽어내기에 어려운 입점으로 작용한다. 한 쪽에는 벽 앞에 서 있는 두 개의 크롬 기둥이 있고, 그 반대쪽에는 칸막이가 공허부 없이 천장까지 연장되어 오르며 그 뒤의 기둥들을 차단해서, 벽을 구조요소로 오독하도록 만든다.

그럼에도 불구하고 이 프로젝트들은 다음과 같이 두 상관된 논점을 공유한다. 첫째, 건축텍토닉 요소의 요소주의 병치는 데 스틸(De Stijl) 구성을 상기시킨다. 그러면서도 파빌리온의 벽, 기둥, 슬래브, 그리고 토대의 요소주의 특성은, 데 스틸의 형식주의 내용을 넘어 내-외부 관계의 형이상학을 해체한다(도판 24). 둘째, 건축적 대상에서 상징과 표상의 내용을 끊임없이 제거시킨 것은, 추상 과정 바로 그것을 정당화시킨다. 벽과 기둥은 디자인 전략의 결과로 새로운 의미를 획득한다. 벽은 미스의 언어에서 재료의 사실성으로 환원된다. 예컨대 미스의 대리석 처리는, 현대건축사에서 획득했을 수도 있을 재료의 어떠한 외연적 의미에도 상응하지

도판 24. 로에의 〈바르셀로나 파빌리온(Barcelona Pavilion)〉, 1928.

않는다.[18] 미스 건축에서 벽은, 대지와 존재론적 관계를 상실하면서 "텅 빈 벽 . . . 순수한 벽" 혹은, (일련의 속성들을 나타내는 마지막 낱말로 칸딘스키를 인용하자면) "침묵의 벽"을 나타낸다.[19] 다른 한편 기둥은, 수직성을 넘어 자연과 인간 몸을 지시하지도, 어떠한 양식적 은유도 상기시키지 않는다. 기둥은 그 대신, 추상 과정의 자기 매몰에 빨려들었다. 미스의 디자인에서, 기둥의 십자 형상과 여타 형식의 형상들은, 철제 형상에 의해 시작된 수많은 구성의 가능성들 중의 한 가지 선택을 나타낸다. 그렇지만 이러한 세트의 디자인 정책은, 기둥과 벽의 텍토닉의 형이상학적 맥락을 없앰으로써 끝난다. 이러한 결과로 발생하는 공허부는, 미스가 구축을 "진리"의 궁극적 평결이라 지칭한 그러한 건축담론을 수용한다.

진리와 구축으로 인해, 우리는 미스가 가장 관심을 가진 주제 곧 기술과 거주문화의 관계로 돌아간다. 미스는, 문화적 의미의 영역을 기술 영역에 개방함으로써, 철과 유리의 건축언어를 정형화했다. 그러나 미스가 현대기술을 주거문화 속에 통합시킨 것은, 르 꼬르뷔제가 건축과 기계 사이에서 만들곤 했던 유추들이나, 예술과 기술을 화해시키려한 바우하우스 프로그램의 의도, 이 둘 어느 쪽보다 더 의미심장한 함의를 지닌다. 프란체스코 달 코(Francesco Dal Co)에 따르면, "현대적 경험의 쇠퇴를 웅변하는 것은 미스의 건축이지, 바우하우스의 철 구축물이 아니다."[20] 그렇다. 미스는 이러한 변형을 알고 있었다. 미스의 건축의 한계는 현대 예술생산의 딜레마, 그러니까 테크닉에 의한 예술언어의 청산 내에 능숙하게 끌려들었다는 것이다.[21] 간단히 말해, 어떻게 기술 니힐리즘에 건축을 내맡기지 않고서도 기술을 이용할 수 있을까? 그리고 더 중요하게는, 어떤 비판적 수단으로 끝없이 확장하는 문화상품화 영역으로부터 구축된 세계를 구할 수 있었을까? 이러한 질문들과 관련해서, 판스워즈 주택(Farnsworth House)과 50×50 주택이 본보기가 된다. 이 주택들은 어떤 종말의 시작을 나타낸다. 이 두 디자인이 설득력 있게 제시하는 것은, 미스의 침묵의 구축예술의 실현이 벽의 제거, 그리고 텍토닉 요소를 지배하는 기둥의 현존을 요청했다는 것이다.

50×50 주택은, 기술을 통해 우리의 지각 경험을 변형시키고자 한 아방가드의 욕망에 바치는 미스의 경의다(도판 25). 그러한 목적을 위해, 기둥의 위치를 모서리로부터, 둘러싸는 유리판 중간으로 이동시킴으로써, 형태와 구조 사이에 기대되는 일치에 도전한다. 이 이접(離接)은 충격적 언명이다. 다른 한 편, 평면은 그 공허가 기억과 친밀성의 상실을 나타낼 정도로 개방평면의 개념을 활용한다. 종국적으로, 표피의 투명한 침묵은 말레비치의 회화 *백색 위의 백색*(White on White)을 상기시킨다. 우리는 미스가 폐합과 개방의 변증을 한계까지 밀고 나간 게 아닌가 싶다. 그는, 종합 큐비즘에 의지해 대상과 그 표상의 갭을 잇고자 시도했다. 50×50 주

도판 25. 〈50X50 주택〉, 1950-1.

택의 유리 칸막이는, 은유적으로 폐합을 기능의 한계까지 끌고 간다. 미스는, 기둥을 주택의 바깥 표피까지 밀어 붙임으로써, 구조적이거나 양식적인 모든 기능으로부터 폐합을 해방시킨다. 미스의 유리판은 침투불능의 폐합이다. 개방과 폐합의 순수한 대화는, 침묵의 비판적 특성과 미스 작품의 고독과 기다림의 변증을 예시한다. 불이 밝혀진 공간은 우리를 침묵으로 대한다. 그 무언은, 부지의 부드럽고 우발적인 주택 환경을 통해 우리에게 말을 건다. 그와 동일한 "무심한" 촉감이 기둥을 지붕과 대지에 연결시킨다. 하이데거(Martin Heidegger)가 추구했을 법한, 대지 위와 하늘 아래 현존하는 인간뿐 아니라 장소에도 무심한 미스의 작품은, 거주 불가능성을 드러낸다. 미스는 아방가드와 나란히, 부정, 추상 그리고 구축의 순환을 마감한다고 주장할 수 있을 것이다.

이제, 그러한 침묵의 구성개념 이후의 디자인 단계는 어떤 것이었을까? 전통의 가치절하를 달성하지 않지 않았는가? 혹은, 표상의 부담으로부터 해방시킬 어떤 형식의 영역이 남아있지 않은가? 이러한 질문들에 대한 답은, 대상 형식이라는 아이디어 속에, 그러니까 반복가능성이 새로운 것의 전통에 대한 저항행위인 구조 구성개념에 반영되어 있다. 바카르디 오피스 빌딩(Bacardi Office Building), 크라운 홀, 그리고 마지막으로 신 국립 화랑(the New National Gallery)을 포함하는 미스의 후기 작품 각각은, 초기 사유로부터 복귀의 감각을 증거 한다. 미스가 기술 니힐리즘 차원에 대해 재고하게 되었고, 그리하여 문화 재생산에서 정신적 질서의 본질적 요청에 대해 다시 생각하게 되었다고 주장할 수도 있겠다.[22] 하지만, 미스의 일차적 관심은 여전히 공간, 기술, 그리고 그것들을 짓기 예술로 번역해내는 데 있는데, 짓기 예술의 주제는 19세기 건축담론의 미결문제에 뿌리를 내리고 있었다. 우리는 이미 바르셀로나 파빌리온에서, 미스의 후기 건축 대부분에 현존하는, 젬퍼(Gottfried Semper)의 토루와 뼈대의 텍토닉을 추적할 수 있다. 그런데, 새로움의 전통에 대한 미스의 저항과 구축의 탈신화화에 대한 그의 강조는, 마이너 건축언어의 조형 주제를 드러낸다.[23] 이 언어는 현대건축의 헤게모니 권력을 탈영토화하고, 그 반대급부로 미스의 작품을, 다른 문화 산물들이 이미 포기한 물화(reification)의 동일한 과정에 처하게 했다. 이 역설은, 현대기술이 건축 속에 궁극적으로 침윤한 결과를 말해준다. 시그램 빌딩(Segram Building)의 커튼월의 단순하면서도 엄정한 특성과 일리노이 공대 캠퍼스 건물의 모서리의 철 기둥과 석재 벽 연결 디테일은, 곧바로 저자의 서명을 상실했다. 이 작품들은 빌딩 산업에 잡아먹혀, 상업건축에 복무하는 "레디-메이드" 디테일이 되었다(도판 26).

도판 26. 로에의 일리노이 공과대 캠퍼스, 1942, 디테일.

이러한 미스 독해로부터 어떤 결론을 도출해야 하는가? 그가 건축을 사물 혹은 일용품의 수준으로 축소했는가? 혹은 그의 작품은, 문화적으로 총체적 상품화에 직면한 사회 체제에 맞서는 저항이라는 아이디어의 종말을 대변하는가? 이것들은, 탈기능주의 건축 상태에 대한 비판적 분석과 관계하고 있는 중요한 질문들이다. 그렇지만 나는 다시 한 번 이것을 강조하고 싶다. 미스의 다양한 콜라주 드로잉들에서 뿐 아니라, 파빌리온에서도 몽타주의 흔적들을 찾을 수 있는 지점에서, 구축의 탈신화화 과정을 급진적으로 만드는데 필요한, 몽타주라는 아이디어의 잠재성 말이다. 수직면과 수평면이 서로 관계하는 방식들뿐 아니라 그것들의 단편화된 특성은, 몽타주의 두 양상과 연관될 수 있는 공간경험을 대행한다. 첫째, 이 건물에서의 모든 공간적 위계의 부재는, 이종문화가 선입견적 실체의 단순한 파편이나 흔적이 아닌 공간조직을 명시한다. 오히려 각각은 하나의 독립적 공간 구성개념으로 경험된다. 둘째, 이러한 독립적 폐합은, 인습적인 부분-전체의 관계를 거부하는 방식으로 서로 관계한다. 파빌리온의 각각의 공간적 이종문화는, 다소 영화의 플롯과 유사하면서도 그 총체성으로 지각가능한 어떤 전체의 일부가 아니다. 우리가 파빌리온에서 경험하는 공간은, 피라네시(Piranesi)의 동판화를 상기시키는데, 거기서는 내부와 외부의 문턱이 흐릿해지고 건축적 총체성이라는 전체론적 시각의 형이상학이 흔들린다. 나의 주장은 이렇다. 몽타주는 비판적 사유방식과 비판적 제작방식을 제공하는데, 후기 미스주의자들을 위한 그 함의는 포스트모더니스트의 역사형태 모의시험보다 훨씬 멀리 미친다.

6장_아직 파악되지 않은 것의 구축

> . . . 너 자신을 아는 것이, 그리고 현대인은, 고대인이 만든 것을 만들 수 있을 때 그것을 탐구하지 않는 것이 합당하다.[1)]

피라네시(Giovanni Battista Piranesi)의 이 진술은, 보들레르(Charles Baudelaire)가 현대성[2)]으로 성격 짓는 것의 정곡을 찌른다. 보들레르의 현대성 담론은, 논란의 여지가 없는 고대의 탁월성을 폐기시킨다. 보들레르는 이른바 황금시대의 가치를 과소평가하면서, "현재 상태의 인간사의 특수한 본성을 이해"[3)]하려고 애쓴다. 과거와의 비교 속에서 이해되는 현대성의 개념은 이러한 관점에서, 푸코(Michel Foucault)가 "현재의 존재론"[4)]이라 틀 짓는 것으로 대체된다. 피라네시의 로마 여행과 판화들이 시사하는 것은, 그의 건축담론은 고대인과 현대인 간의 논쟁 주제의 구조를 초월한다는 점이다.

그러면서도 현재 상태의 건축에 관한 가장 명료한 연구들은, 고대인과 현대인의 논쟁의 추론적 규범 내에 머물러 있다. 페레즈 고메즈(Alberto Pérez-Gomez)는 서구건축의 지속적인 비판적 상황의 근원을 18세기 후반에 위치시킨다. 따라서 그는, "지식의 궁극적 증거로서의 지각의 우선성이 결코 의문시되지 않았던"[5] 역사적 과거에 공감하는 입장을 띤다. 이와 마찬가지로 리쿼트(Joseph Rykwert)는, 듀랑(J. L. N. Durand)과 페로(Claude Perrault)의 건축에서 "최초의 현대인들"을 식별하면서, 듣기와 보기의 조화로운 상호작용이 규범적 차원을 구성하는, 문제스럽지 않은 건축담론의 한 상황을 묘사한다.[6] 역사에 대한 이러한 독해들은, 역사주의적 상대주의의 극복을 목표로 삼는 이론적 시도를 나타낸다. 그런데 이러한 견해들은, 건축 전통의 특정한 측면을 고립시킴으로써, 한 시대의 총체성을 "의미 혹은 근본적 구조로 처리해버린다."[7] 이러한 접근은 잠정적이지 않은 역사의 지각을 영속시킬 뿐 아니라, 전통과 현재의 건축 실천 사이에 이미 존재하고 있는 틈을 벌린다. 우리는, 현재를 어떻게 고찰할지 고민하며 "신화적 고대"에서 "새로운 것"을 포착하게 된 루이스 칸(Louis Kahn)에게서 배울 것이 더 있다.

현금의 문화사(事) 극장에는, 고대인과 현대인의 토론이 활기를 띤다. 현대건축의 전 분야는, 문화산업이 열어젖힌 공허로 인해 도전을 받는다. 고전 형태와 그것에 귀속된 보편적 가치가 전통으로 이해된다. 또 다시 우리는, 기술성취와 관련해서 과거와 미래의 유토피아 간의 미묘한 대치에 직면해 있다. 이러한 연관성에서 나는, "건축의 중심 주제로서, 현재의 진리에 주목"[8]해야 마땅하다는, 그레고티(Vittorio Gregotti)의 의견에 동의한다. 이에 응해 내가 애쓸 것은, 건축의 근원과 그것의 구축이라는 두 주제에 초점을 맞춤으로써, 오늘날 건축의 존재론에 대한 양상을 드러내는 것이다.

로지에(Marc-Antoine Laugier)의 책 **건축소론** (*An Essays on Architecture*)의 표지 그림은 건축 표상의 문제스러움을 예시한다(도판 27). 이 그림의 중요 구성요소는, 고전 기둥의 잔존물에 기대어 있는 한 여성의 형상이다. 그녀의 손은 요정으로 하여금 자연 속에 자리 잡은 한 구조체에 주목하게 한다. 나는 이 그림에 관한 서로 상관된 두 독해를 제시함으로써 건축의 기원과 그 구축적 관계에 관한 질문을 거론하고 싶다.

이 구성은 다산이라는 자연의 본질을 상징하면서, 여성과 아이의 생물학적 관계를 예시한다. 그것은 또한, 부모의 교육학적 차원과 연관된다. 유추적으로 그것은, 로지에가 건축문제를 밝힐 수 있는 역량을 지닌 식자로 입지시켜 준다. 그런데, 그 구조체는 은신처의 주 요소들을 포함한다. 네 개의 나무 기둥이 박공과 같은 지붕을 지지하는데, 그 나뭇잎과 가지들은 기둥에 의해 규정된 공간을 덮어, 그 안에 있는 사람이 불편하지 않도록 지켜준다. 그 구조체의 단순성은 건축의 합리적 깊이를 가리킨다. 로지에가 주장컨대, "근본적인 오류를 피할 수 있는 것은, 이 모형의 단순성에 접근함으로써다."[9)]

그런데 나의 탐구와 관련해서, 나는 레빈(Neil Levine)의 독해가 시사적이라고 본다. 그는, "로지에의 오두막이 건축에서 표상의

도판 27. 로지에의 〈건축소론(Essai sur l'architecture)〉 표지그림.(파리, 1755).

궁극 목표 곧 형상과 배경 간의," 그러니까 건물과 그 환경 간의 "연속성의 확립"[10]을 확언한다고 믿는다. 레빈은 건축에 대한 이러한 인류학적 이해를, 건축의 표상 차원을 넘어설 만큼 정교하게 다루지는 않는다.

다른 측면에서는, 여성의 형상이 출발점이다. 그녀를 고전 기둥에 배속시킨 것은, 전통의 수호자로서의 여성이라는 인습적 지각을 내포한다. 로지에 담론의 역사성 안에서 보자면, 전통이란 여기서 고전적인 것에 관한 아이디어를 나타낸다.[11] 그림의 메시지는, 건축의 기원에 관한 물음을 넘어선다. 그것은 건물과 건축의 관계를 펼쳐낸다.[12] 표상은, 앉아 있는 여성의 위치와 오두막 간의 거리에 의해 표현된다. 그녀의 응시는 매개로서, 그것을 통해 하나의 단순한 오두막이 건축텍토닉 구성의 기본 구조로 "그려진다." 고전건축이 인간의 정신 기제에 의해 수행되는 투사의 결과로서 재현된다. 그러면서, 그 인물의 왼쪽 손에 쥐어져 있는 콤파스와 자는, 바로크 건축의 변덕스러운 경향에 맞서 합리적 단순성을 보증해 주는 온당한 디자인 수단을 제공한다. 이러한 독해는, 로지에의 담론이 서구 인식론 전통의 두 중요한 벡터 곧 수단-목적 관계의 합리화와 투사를 달성한다는 점을 시사한다. 우리는, 르네상스 이후 건축이론들이 고전 건축에 대한 이러한 재현적 해석을 넘어서지 못했다고 주장할 수도 있겠다.

페레즈 고메즈는, 비트루비우스의 담론에는 특정한 수준의 합리적 개념화가 존재한다고 주장한다.[13] 나는 여기서, 건축의 기원과 그 구축적 관계라는 이슈에 대한 하나의 다른 견해를 드러내는, 비트루비우스에 대한 다른 해석을 제시하고 싶다. 로지에의 주장에 함축되어 있는 것은, 실존의 세 구축요소 곧 자연과 인간과 건축의 현존이다. 그럼에도 불구하고 로지에는 이 세 요소를 재현의 맥락 안에서 생각하는데, 이로 인해 응시와 사물 간의 거리의 시적 차원이 흐릿해진다.

구축 요소와 관련지어 비트루비우스는 하나의 특정한 조건을 제시한다. 불의 기원을 기술하면서 그는 *테크네(techne)*의 개념을 제안하는데, 거기에는 하이데거의 의미에서 거주하기가 시사되어 있다. 사유하기와 만들기는, 인간의 몸과 특정한 장소의 연관성에서 발생한다. 여기서 건축의 구축적 측면은, 더 크고 더 근본적인 구축의 지각으로, 그러니까 생산(불의 준비), 모임 행위, 그리고 마지막으로 의사소통 과정으로 제시된다.[14] 그것은 촉감을 통해 경험되는 따뜻함의 감정, 불과 신체의 관계의 친밀성, 그리고 정주 욕망과 거주 행위에서 정점에 이르는 성취된 편안함이다. 하나의 방이 형성되는 것은, 어떤 한계 내에서 말끔히 치워진, 그리고 그 배경으로부터 독립된 공간을 위한 것이다.[15] 인간은, 이러한 과정을 통해 자연과 화해하고 신체에 대한 이해를 달성한다. "우리 자신은 결국, 작은 발로 설 수밖에 없고 넘어져서는 안 되는 건물이다. 우리는 쓰러지지 않기 위해 무엇을 해야 하는가?" 폴 클레(Paul Klee)는, "우리는 똑바로 서서 대지에 뿌리를 내린다."[16]고 응답한다. 그러므로 우리는, 건축에서 인간신체의 지위란 단순히 그 비례를 건축텍토닉 요소에 반영하는 데 한정되지 않는다고 주장할 수도 있겠다. 구축 행위, 그리고 신체와 신체의 촉각적 감수성의 발견은 거주하기 과정의 결정적 양상이다.

우리는, 목구조를 그리스 신전의 기원으로 고찰한 비트루비우스의 후기 사고가, 오두막을 건축의 기본 구조로 사색한 로지에와 다르다는 결론을 내릴 수도 있겠다. 볼프강 헤르망(Wolfgang Herrmann)은, 비트루비우스의 담론의 이 현상을 "변형 이론"[17]이라 옳게 명명한다. 헤르망의 주장이 상기시키는 것은, 목재 구조와 기념비적 건물에서의 그것의 중대성에 관한 젬퍼의 고찰이다. 그런데, 젬퍼에게 목재 오두막은 신전의 물질적 모형이 아니었다.[18] 수정궁(Crystall Palace)에 전시된, 민족학적 대상인 카리브 오두막은, 젬퍼로 하여금 실용 예술과 건축에 대한 그 영향의 논리적 연관성에 주목하게 했다. 젬퍼의 역사적 관찰에는 두 가지 논점이 있다. 한 측면에서는, 상이한 생산행위들 간의 형태와 주제의 공유가 있다. 예를 들자면, 공간을 분리하고 형성하는 문제에서 매달기와 울타리 개념이, 석조와 목조 벽 구축에 선행했다는 것이다. 목재 모티프들이 에트루리아 촛대의 철과 금속 세공으로 전이된 현상에 관한 젬퍼의 역사적 발견에도 그와 같은 것이 분명하다.[19] 유사한 흐름에서 우리는, 고전기둥의 주초의 형태적 가소성은, 시럽과 같은 물질이 단단한 표면에 닿는 순간 경화된 그러한 감정을 이야기해 준다고 제안할 수도 있겠다. 이러한 의미에서, 고전 기둥은 재현적 실체도 모방적 실체도 아니라, 하중 지지의 필요와 젬퍼가 스토프베첼(*Stowffwechel*)이라 명명하는 것, 그러니까 "자극을 시각적으로 하나의 물질에서 다른 물질로 옮기는 것"[20]의 유추였다. 젬퍼의 담론에서 함축적인 것은, "상이한 행위들 간의 전치(轉置)"의 존재론적 차원이었다. 다양한 예술작품들 간의 상호소통은 이 수준에서, 존재의 물질적 조건을 규정한 일련의 구축적 구문을 제정했다. 젬퍼에게, 화로, 테라스, 지붕, 그리고 벽은 형식 범주가 아니었다. 주거의 이 네 가지 요소는, 도공, 석공, 목공 그리고 직공이라는 네 가지 기예를 통해 경험된 삶의 몇 순간을 구현한 것이었다.

건축의 기원에 관한 젬퍼의 담론은, 역사주의와 시기의 완성이라는 아이디어 양자를 폐기했다. 일상적 삶의 여타 요소들과의 연관성에서 구축하고 건축을 고찰하게 된 것은, 현재의 존재론을 출발점으로 삼은 추론적 규범 내에서였다. "필요와 전통에 의해 신성시 된 옛 형태들을, 우리의 새로운 공작 수단에 따라 어떻게 바꿀 것인가?"라는 물음은, 텍토닉과 유형에 대한 젬퍼의 모토가 되었다. 젬퍼는 이 두 주제에 초점을 맞춤으로써, 건축에 대한 연관적 독해를 드러내었는데, 여기서 건물은 더 큰 총체성의 한 단편, 그러니까 삶의 조건의 구축이 된다. 그것은 여타 구축 작업들의 구체적 결과이자, 의미의 애매성과 건축의 복합성을 결합하는 기억 속에 각인된 구축 작업의 이미지이기도 하다.

오프닝 진술에서 지적했다시피, 피라네시는 그러한 단절에서 비판적 입장을 유지한다. 그의 어떤 판화들은 몸과 자연과 건축 간의 존재론적 관계성을 묘사한다.[21)] 피라네시는 이 세 가지 요소를 인간 삶의 구체적 조건과 연관지어, 몸의 유한한 속성과 지식의 힘을, 폐허와 처벌의 건축과 통합시켰다.

인간 존재와 그 삶의 조건이 펼쳐내는 것은, 구축을 조형주제로 삼는 건축담론이다. 여기서 구축은, 르네상스 건축가들이 지각한 것과 같이[22)] 구성을 시사해서도 안 되며, 생산라인의 요건으로 환원되고 국한되어서도 안 된다. 이러한 해석들과 함께 우리는, 산물이 단지 공작 테크닉만 보여주는 데 스틸(De Stijl) 작품들을 본다. 쉬뢰더 집(Schroder-Schrader House)과 리트벨트(Gerrit Rietveld)의 적-청 의자가 추상적인 조형적 구축의 좋은 예시다. 이제 비트루비우스의 담론을 끌어오면, 생산과 장소와 건축 간의 연관적 대화의 견지에서 구축의 개념을 틀 지울 수 있을 가능성이 있다고, 나는 믿는다.[23)]

구축이란 하나의 건축적 사물을 우리의 광대한 삶의 조건 속에 위치시키는 행위다. 벽을 세우는 것은, 장소의 무한한 밝음 속에 그늘을 위해 하나의 방을 만드는 것이다. 결국, "벽은 벽"이며, 벽은 인간과의 관계로 대지와 하늘 사이에 선다. 예일 대학교

아트 갤러리의 벽돌 벽에 놓인 돌 선반이, 어느 비 오는 날 “물이 일정한 간격으로 벽을 씻을 수 있도록 해 주는”[24] 건축텍토닉의 방법이라고 설명하던 칸(Kahn)은, 건축을 물의 정화라는 은유적 영역과 연관 짓고자 애쓰고 있던 게 아니던가? 우리는 건조형태, 그리고 그것이 장소-형태와 “몸 지각기관”의 “촉각적 복원력”에 관계되는 시학을 생각한다. 나는 또한, “걸어서 얻는 장소 형태의 경험이 그와 함께 변함없이 공명하는 물소리로부터 떼어낼 수 없는” 혹은 “빛이나 어두움, 열기와 차가움의 강도에 의해, 혹은 물질의 향기에 의해, 혹은 거의 만져볼 수 있는 폐합의 현존에 의해, 혹은 몸 그 자체의 여세에 의해 획득된다는”,[25] 이슬람 정원에 관한 프람프톤(Kenneth Frampton)의 사유를 생각한다. 이러한 관찰들은, 주요한 주제와 개념이 형태적 추상과 미학적 추상으로부터 도출되지 않는 건축 담론을 지탱한다. 이러한 담론은, 우리의 현재적 삶의 조건의 문화적 역동성을 담는 실존의 영역을 나타낸다.

결론적으로, 나는 그레고티의 주장으로 돌아가고자 한다. 그의 관점에서 보자면, 건축 작품이란 “전통적으로 프로젝트라는 아이디어와 연관된 공급의 필요라기보다, 현재 조건의 몇몇 논점을 해명할 수 있을 하나의 특별한 조망지점의 구성에 대한 필수적 참조체다.”[26] 이 입장은 은연중, 현재의 존재론과 그것의 파악이라는 물음을 거론한다. 현재의 건축 프로젝트를 이해하기 위해, 진행 중인 가치들에 맞서서 일련의 가치들을 하나의 진리 주장으로 부가할 필요는 없을 것 같다. 이와 대조적으로, 현재의 존재론은 우리의 포스트모던 건축담론을 떠받치는 틈과 모순에 존재한다. 그러한 것들 가운데, 역사적 아방가드 기획의 실패와 기술의 본질적 변화가 포스트모던 조건의 두 벡터로 식별될 수도 있겠다. 전자의 발전이 거대서사 혹은 "기획"이라는 아이디어에 종말을 찍는다면, 후자는 문화적인 것을 기술적인 것과 별도로 생각하는 것을 거의 불가능하게 만든다.[27] 다시 말해, 20세기 초의 예술 생산의 전위적 입지가, 현금의 대중-매체 기술에 의해 흔들린다는 것이다. 아이러니하게도 기술의 변화는, 이미 큐비즘, 초현실주의, 그리고 다다이즘의 자긍심이었던 것을 재생한다. 이 역설로 보자면, 포스트모던 건축과 해체주의 건축의 입지는 순진한 것 같다. 주된 이유는, 개념구성 때문만은 아니라 할지라도, 그것들이 근(近) 과거에 맞서 "모더니스트" 전쟁을 벌이기 때문인데, 그러한 전쟁은 고작, 현대 예술담론의 주제를 재활성화 하는 것을 평가하는 것에 불과하다. 그러면서도 우리는 다음의 사실을 강조해야 한다. 우리는, 아돌프 로스의 내부에서 공간의 편안함을 찾았을 법한 불안으로부터, 르 꼬르뷔제가 시대정신(zeitgeist)에 맞추고 싶었던 역사적 분위기로부터, 혹은 자신의 작품을 전통과 문명의 한가운데서 있는 하나의 이음매로 간주하는 것이 최상일 것 같은 미스 반 데 로에로부터, 충분히 멀리 왔다는 사실 말이다. 이 거리와 그 사회문화적 조건은, 후설(Husserl)의 용어를 쓰자면, 생활-세계의 맥락의 바로 그 세속화 과정에 의해, 사회생활의 다른 영역들에 참여하고 생산되는 가치들의 복수성이 자기중심적 자아를 발전시킬 수 있을 공간을 파괴해 버린 정도로, 수포로 돌아갔다.[28)]

게다가, 세속화는 하나의 시작이라고 그럴듯하게 부를 수 있는 시간의 상황을 창조했다는 것을 강조해야 한다. 하이데거(Martin Heidegger)에 따르면, 하나의 시작은 "드러나지 않은 낯설고 비범한 것들을 풍부하게 포함하는데, 이것이 뜻하는 바는 하나의 시작은 또한 낯익고 평범한 것들과의 투쟁을 포함한다는 것이다."[29)] 우리는 바야흐로 몸의 상이한 감각적 층위들을 발견하는 문지방에서 있다. 우리는, 언어의 "진리" 내용이 허구라는 것을 발견하고 있으며, 비실재적인 것이 실재한다고 가장하는 생산방식에 직면해 있다. 더 중요하게는, 가시적 한계에 구속되지 않는 공간성을 펼치면서, 여기와 저기 간의 거리에 의문을 제기하는 동시성의 감각을 경험하고 있다. 혹 이것이 현재 상황에 대한 그럴듯한 독해라고 한다면, 나는, 구축의 탈신화화는 젬퍼의 텍토닉 담론의 재수집("왜곡하는"[30)] 대항기억)을 뜻한다고 제안한다. 건축이 장식으로 변하는 지점까지 구조와 장식의 동시성이 강조되는 텍토닉 형상화가, 한 사례가 될 수 있을 것 같다. 우리는 젬퍼에서, 장식과 구조의 분리에 대한 신념을 추구할 수도 있겠다. 그렇지만, 젬퍼가 예술의 참된 특징으로서 "기교"를 강조하고, 그보다 더 중요하게 그가 아시리아 기둥의 텍토닉에 성격을 부여한 사실이 시사하는 것은, 젬퍼에게서 피복이란 형태를 구조적인 것과 장식적인 것을 구분할 수 없을 때까지 비물질화 하는 예술적 수단이라는 점이다. 이것이 상기시키는 것은, 건축은 "장식을 포함해서 공간 형상화의 모든 장식적 측면을 포섭할 뿐 아니라, 속성상 그 자체가 장식이다"[31)]라는 가다머(Hans-Georg-Gadamer)의 논의다. 내가 종종 덧붙인 것은, 건축에서 본래 장식적인 것이란, 구축에 본질적인 것과 장식으로서의 여분의 것 간의 "강한" 구분이 약해지는, 공간 만들기의 텍토닉이라는 점이다. 구조와 장식의 동시성의 자연 상태는, "우주(질서?)"와 "장식" 양자를 뜻하는 그리스어 *코스모스(Kosmos)*로부터 유래한다. 이 유추가 중요성을 띠는 것은, 우리가 젬퍼에게서, 다소 춤과 음악과 유사한 건축은 하나의 우주적 예술이라는 것을 읽을 때다. 음악과 춤은, 본질적인 것과 여분의 것을 거의 구분할 수 없다는 점에서 모방 예술과 다르다. 이러한 노선의 고찰은 또한, 건축의 상징적 차원에 대한 다른 이해를 시사한다. 전통적으로, 건축의 상징적 기능은 건축의 기념비성의 한 속성으로, 고전 언어에 의해서, 확정적 보편성, 그리고 그 가치를 인본주의 담론에서 영원히 지각하는 것을 뜻했다. 그러면서도, 재현적 내포가 "비워진" 기념비는 하나의 탁월한 장식으로, 그 중대성이 일련의 가치들의 고착에 있는 것이 아니라, 우리의 집단적 경험(젬퍼의 기교?)의 배경을 형성하는 사건의 발생을 가리켜 복수적 해석을 생산하는 데 있다. 비트루비우스는 서사의 사건을 언급하는데,

그는 그것을 통해 코린트식, 도리아식 그리고 이오니아식 기둥을 구분 짓는다. 도리아식과 이오니아식 기둥은 몸과 건물의 관계의 성(gender) 측면을 특징지으면서, 각각은 그와 동시에 어떤 지역과 그 지역의 관습을 각기 암시한다. 코린트식은 이와 대조적으로, 처녀의 죽음과 그 여파의 사건을 상기시킨다. 비트루비우스에 따르면, 조각가 칼리마쿠스(Callimachus)는 어린 소녀의 장례식에서 바구니에 든 잔의 잔해를 보고 그에 따라 코린트식 기둥의 비례를 확정했다.[32] 젬퍼는, “기념비는” 다양한 문화유물들뿐 아니라 “사람들, 성직자들 그리고 성령의 발현들” 또한 “함께 맺어주기 위해 의도된 비계였다”[33]는 것을 제안함으로써, 사건의 사후 “극적 속성”을 강조했다. “극적 속성”의 개념을 논하는 것은, 여기서 내 주장의 목적을 벗어난다. 그렇지만 나는, “극적 속성”의 텍토닉은, 포스트모더니즘의 풍경화법과 해체주의 건축의 자의적 형태의 유희성과는 다르다는 점을 강조하고 싶다. (이 양자는 건축을 기호나 텍스트로 보고자 하는 탈기능주의 이론 경향을 드러낸다) 그러면서도 무대장치는 늘 생활-세계의 극적 공연으로 인식되어 왔다. 이러한 재현의 패러독스의 반전은, 러시아 구성주의 무대 디자인의 텍토닉 형상화에 대한 젬퍼의 후속작업을 시사할 것도 같다. 그럼에도 불구하고 나는 바티모에 따라, 이러한 단계의 상징주의는 오직 텍토닉의 형이상학적 맥락을 세속화함으로써만 달성 가능하다고 주장하곤 했다. 이러한 노선이 또한 시사하는 것은,

그러한 텍토닉 형상화는, 개구부가 세상 속으로 열리는 창이 되는, 내-외부 공간의 동시성을 드러낼 수 있을 방식이다. 창이라는 이 모티프는 실제로, 상이한 영역의 문화 행위에서 발생하고 있는 것과 똑같은 종류의 다른 공간 경험을 건축으로 번역함으로써, 폐합과 노출의 복수성을 펼쳐낸다.[34] 이러한 복수성, 그러니까 하나의 앙상블에서 또 다른 앙상블로의 주제의 교환 또한, 몽타주 아이디어를 대변한다.

구축의 탈신화화는 텍토닉을 기존의 주관적이고 객관적인 삶의 조건에 순응시켜, 경이와 상상을 위한 여지를 만든다.[35] 다카에 있는 칸(Kahn)의 작품에서, 우리는 우리의 직접적 기억에 일치하지 않는 형태들에 직면한다. 이러한 이질적이면서도 기지(旣知)의 형태들은, 구축의 세속화를 유지하기 위해 잘리고, 확대되고, 함께 결합된다. 그의 텍토닉은, 건축을 대지에 근거지우는 중요성을 강조하면서, 하늘을 마주함에 따라 세계를 두 가지 방식 곧 단편화와 이접으로 열어 보인다. 이 개념은 우리의 현재의 지각적 경험을 대변하고, 석조 폐합에 묻혀있는 콘크리트 프레임의 구조적이고 상징적인 것을 드러내는 텍토닉 형상화를 말한다. 이 사고에는, 향수적이거나 미래주의적인 것이 전혀 없다. 그것은 오히려, 살아남는 건축 구조는, 코드화 된 형태로나 기술 그 자체로 보존되지 않을 것이라는 지각을 강조한다. 그것은 오히려, 세기전환의 리얼리즘 건축에 작동 중인 건축이론의 전통의 재수집에, 그리고 비록 “왜곡된” 형태이긴 하지만 로스 건축의 연속에 살아남을 것이다. 역사주의에 대한 어떠한 존중도 나는 명백히 옹호하지 않는다. 우리는 왜 특정한 역사 경험의 신화를, 혹은 제안되는 거대서사마다 항상 궁지에 몰아넣는 기술 니힐리즘의 시계에서 탈신화화의 해체 신화를, 그로 인해 생각해야 하는가? 나는 또한, 예술의 종말이라는 상이한 종류의 헤겔 예언들로 포장된 건축의 죽음을 옹호하지도 않는다. 지배적인 기술틀지움적 변형과 문화적 변형에 따라 건축담론의 논제들이 코드화 되고 재코드화 되는 생활 세계 영역 바깥에서 건축을 생각하는 것은, 아무 의미가 없다. 그렇지 않다면, 르네상스 기단부의 거친 다듬기에 표현된, 그리고 토루와 뼈대의 미스적 텍토닉에서 재코드화 된, 건물을 땅에 연결시키는 접합부의 명료화가, 르 꼬르뷔제 필로티의 텍토닉과 어떻게 다른지 우리가 어떻게 특징짓겠는가?

주

1장_몽타주: 텍토닉 재코드화

1) 아렌트(Hannah Arendt)에 따르면, “실제 공작 작업은 하나의 모형의 인도로 수행되는데, 대상은 그 모형에 따라 구축된다. 그 모형은 마음의 눈이 본 이미지이거나, 그 이미지가 작업을 통해 시험적인 물질화를 이미 발견한 청사진일 수 있다. 어떤 경우든, 공작 작업을 인도하는 것은 공작자 바깥에 있으며, 산모 내의 생명 과정의 절박성이 실제의 출산과정에 선행하는 것과 거의 같은 방식으로, 실제 작업과정에 선행한다.” Arendt, *The Human Condition* (Chicago: University of Chicago Press, 1974), p. 140.
2) 아르강은 계속해서, “기둥, 주두, 코니스, 기타 등등과 같은 건축 부재들은, 오늘날 조립식 부재들이 쓰이는 것과 꼭 같이, 이제 작업장 밖에서 구축되어 건축가의 디자인에 따라 적소에 배치될 수 있다.” Giulio Argan, *The Renaissance City* (New York: Braziller, 1969), p. 14.
3) 이것은 건축담론에서 시사적인 주제다. 이 주제는 다른 관점들에서 다듬어져 왔다. 페레즈-고메즈(Alberto Pérez-Goméz)는, 현대 의식의 원천인 실증주의가 건축 의미의 초월적 차원에 아무 관심 없는 건축 이해를 개시했다고 주장한다. 그런데 타푸리(Manfredo Tafuri)에게는, 고전주의에 맞서는 모더니스트 반작용이 자의적 선택이 아니라, 르네상스 이후 개방되어 온 서구사유의 한 측면이다. Pérez-Goméz, *Architecture and the Crisis of Modern Science* (Cambridge, Mass.: MIT Press, 1983), Manfredo Tafuri,

Theories and History of Architecture, trans. Georgio Verrecchia (New York: Harper & Row, 1980).

4) Vitruvius, *De Architectura*, trans. Morris Morgan (New York: Cover, 1960), p. 5.

5) 이 마지막 논점에 관해서는 다음을 보라. George Hersey, *The Lost Meaning of the Classical Architecture* (Cambridge, Mass.: MIT Press, 1988). 고전주의의 모방적 특성에 대해서는 다음을 보라. Demetri Porphyrios, *Classicism Is Not a Style*," Architectural Design 52, nos. 5-6(1982), pp. 51-7.

6) Leon Battista Alberti, On the Art of Building in *Ten Books*, trans. Susan Edria Bassnett (New York: Braziller, 1969), p. 7.

7) Ibid.

8) Jean Baudrillard, *Simulations* (New York: Semiotext(e), 1983), p. 87.

9) Alberti, *On the Art of Building*, p. 156.

10) Elaine Scarry, *The Body in Pain* (New York: Oxford University Press, 1985), pp. 161-80.

11) 나는 버만(Marshall Bermann)이 쓴 동일한 제목의 책을 언급하고 있다. *All That Is Solid Melts Into Air: The Experience of Modernity* (New York: Penguin, 1988).

12) Scarry, *The body in Pain*, p. 244.

13) G. L. Hersey, *Pythagorian Palaces* (Ithaca, N. Y.: Cornell University Press, 1976), p. 117.

14) 팔라디오(Andrea Palladio)는, 비트루비우스의 삼요소의 견지에서 건축을 정의하면서, 자신의 책 첫 부분을, 재료를 준비하고 그것들을 기초에서 지붕에 이르기까지 사용하는 방법들을 망라하는 "보편적 규칙(들)"에 할애했다. Andrea Palladio, *The Four Books of Architecture*, trans. M. Morgan Hickey (New York: Dover, 1960), p. 5.

15) Ibid., p. 26.
16) Arendt, *The Human Condition*, p. 301.
17) Vitrucius, *De Architectura*, p. 155.
18) Ibid., p. 41.
19) Agnes Heller, *Renaissance Man*, trans. Richard E. Alle (Boston: Routledge & Kegan Paul, 1978), p. 395.
20) Michel Foucault, *The Order of Things* (New York: Vintage, 1973), p. 29.
21) Andrea Palladio, *The Four Books of Architecture*, trans. M. Morgan Hickey (New York: Dover, 1960), p. 27.
22) Ibid. p. 31.
23) Ibid. p. 11.
24) 이 주제에 대한 상술을 위해서는 이 장(章)의 맺음말을 보라.
25) Arendt, *The Human Condition* 아렌트는 다음과 같이 주장한다. 최초의 "우주 속으로의 가설적 일별은, 즉시 인간의 감각들에 맞추어지고, 명확히 그리고 영원히 인간의 감각들 넘어 존재해야 하는 것을 드러내기로 운명지어진 도구를 통해, 전적으로 새로운 하나의 세계를 위한 무대를 놓고, 여타 사건들의 과정을 결정하여, 훨씬 큰 동요를 일으키며 현대의 시대를 받아들이도록 예정되었다."
26) Paolo Rossi, *Philosophy, Technology and Arts in the Early Modern Era*, trans. Salvator Attanasio (New York: Harper Torch Books, 1970), p. 142.
27) Arendt, *The Human Condition*, p. 296.
28) Joseph Rykwert, "Positive and Arbitrary," in *The First Moderns* (Cambridge Mass.: MIT press, 1980), pp. 23-53.
29) Hans-Georg Gadamer, *The Relevance of the Beautiful* (Cambridge University Press, 1986), pp. 13-20.
30) Sergio Villari, *J, N. L. Durand* (New York; Rizzoli, 1990,), p. 57. 발라리는

듀랑(Durand)의 분석론을 콩디야크(Condillac)가 탐구한 과학적 사고와 관련시키고, 듀랑의 **건축강의**(*Leçons d'architecture*)가 일반문법과 자의성의 원리에 관한 현재 구조주의 담론과 비교할 수 있을만한 텍스트라고 생각한다.

31) 비례와 구조요소의 강도의 관계에 관한 갈릴레오의 명제를 보라. Galilei Galileo, *Dialogues Concerning Two New Science*, trans. H. Crew and A. de Salvio (New York: Dover, 1954), p. 130.

32) Alexander Tzonis, *Aspects of Mechanization in Design: The Rise, Evolution and Impact of Mechanics in Architecture*, Publication Series in Architecture (Cambridge, Mass.: Harvard University, Graduate School of Design, 1980). 이 글의 교정되고 확장된 판본은 다음으로 출판되었다. "The Mechanization of Architecture and the Birth of Functionalism," VIA, no. 7 (1984), pp. 121-44.

33) Marc-Antoine Laugier, *An Essay on Architecture*, trans. Wolfgan Hermann and Anni Herrmann (Los Angeles: Ingalls, 1977).

34) 헤르망(Herrmann)에 따르면, "이전의 모든 작가들과 달리 [로지에는], 건물의 실제 구축은, 지금까지 장식으로 간주되었던 부재들로 형성해야 한다고 요구함으로써, 전체와 부분의 균형 잡힌 상호작용의 고전원리를 구체적으로 해석했다." Wolfgang Herrmann, *Laugier and Eighteen Century French Theory* (London: Zwemmer, 1962), p. 21. 또한 테토닉에 관한 나의 논의에서 중요한 것은, 건축의 기원에 관한 로지에의 규범적 담론과 젬퍼의 담론에서 헤르망이 주목하는 그 둘의 구별이다.

35) Marc-Antoine Laugier, *An Essay on Architecture*, p. 71.

36) Foucault, *The Order of Things*, p. 218.

37) J. N. L. Durand. 다음에서 인용. Sergio Villari, *J. N. L. Durand*, p. 64.

38) Etienne-Louis Boulée, "Architecture: Essay on Art," in Helen Rosenau,

ed., *Boulée and Visionary Architecture* (New York: Harmony, 1976), p. 89. 비들러(Anthony Vidler)는 불레 건축의 이 측면을, 고전지혜로부터 멀어지는 주요한 단계로 이해한다. 비들러에 따르면, 건축의 고전적 "의복"과 상관없이, "비례와 3차원적 기하학으로 미를 구현했던 건물의 (전통적) 의미가, 사회적이거나 환경적인 요구들의 명령에 따르는 기하학 질서라는 아이디어에 점차 종속되었다." Vidler, *The Writing on the Wall* (princeton, N. J.: Princeton Architectural Press, 1987), p. 3.

39) 발라리(Sergio Vallari)는 또한, 다비드(David) 회화의 텅 빈 상부와 불레와 르두 작품의 장식되지 않은 벽 간에 유사성을 만든다. Villari, J. N. L. Durand, p. 13.

40) Italo Calvino, *Six Memos for the Next Millenium* (Cambridge, Mass.: Harvard University Press, 1988), p. 23.

41) Anthony Vidler, "Notes on the Sublime: From Neo-Classicism to Postmodernism," *Canon*, 2 (1988), p. 23.

42) Joseph Rykwert, "Inheritance or Tradition?" *Architectural Design Profile*, 49, nos. 5-6 (1979), pp. 2-6.

43) Hubert Damisch, "The Space Between: A Structuralist Approach to the Dictionary," *Architectural Design Profile*, nos. 3-4(1980), pp. 84-9.

44) Ibid.

45) 다음에서 인용되었다. Wolfgan Hermann, *In What Style Should We Build?* (Santa Monica, Calif.: Getty Center for Publication, 1992), p. 151.

46) Egène-Emmanuel Villet-le-Duc, *The Architectural Thoery of Viollet-le-Duc*, ed. M. F. Hearn (Cambridge, Mass.: MIT Press, 1990), p. 86. 또한 다음을 보라. Viollet-le-Duc, "Lecture VII," *Lectures on Architecture* (New York: Dover, 1987), vol I. p. 270.

47) Kenneth Frampton, "August Perret," in *Studies in Tectonic Culture*

(Cambridge, Mass.: MIT Press, forthcoming).

48) John Ruskin, *The Stones of Venice* (New York: Da Capo, 1960). 러스킨은 다음과 같이 주장한다. "진실한 장식의 특수조건이란, 그것이 다른 어디에도 아닌 제자리에서 아름다워야 하는 것, 그리고 그것이 영향력을 지니는 건물의 모든 부분의 효과를 도우는 것이다. 그러니까, 그것은 그 풍부로 인해 여타 부분들을 밋밋하게 하지 않는 것 . . . . 그리고 아무런 특별한 책무가 없을 경우 결합이나 결핍이 될 수 있을 방식으로, 그 자체의 봉사에 적합한 것이다." p. 113.

49) Egène-Emmanuel Villet-le-Duc, "General Observations on the External and Internal Ornamentation of Buildings," in *Lectures on Architecture* (New York: Dover, 1987), pp. 171-246, at 177.

50) 그래서, 러스킨은 다음과 같이 계속한다. "내가 생각하기에, 아무도 흉벽의 높이나 보루의 위치를 결정하는 법칙들을 건축적이라 부르지 않을 것이다. 그러나, 케이블 몰딩과 같이, 불필요한 성격이 덧붙여진 그 보루의 돌-외장에 불필요한 특징이 부가된다면, 그것이 바로 건축인 것이다." John Ruskin, *Seven Lamps of Architecture* (New York: Farrar, straus, & Giroux, 1981), pp. 16-16.

51) Viollet-le-Duc, "General Observations," p. 200.

52) 다음에서 인용됨. Roger Scruton, *The Aesthetics of Architecture* (Princeton, N.J.: Princeton University Press, 1979), p. 174.

53) Egène-Emmanuel Villet-le-Duc, "Style: The Manifestation of an Ideal Based on a Principle," in *The Foundations of Architecture*" (New York: Braziller, 1990), pp. 231-63.

54) 나는 "주체의 죽음"과 "시뮬라시옹"의 개념을, 푸코(Michel Foucault)와 보드리야르(Jean Baudrillard)가 각기 정의한 바대로 사용하고 있다. 제머슨(Frederic Jameson)은 이 두 주제가, 포스트모던 담론을 이해하는 데 필

수적이라고 생각한다. 저자의 역할을 의심한다는 것은, 저자의 문자 그대로의 "죽음"이나 예술의 의미의 추방을 뜻하는 것이 아니다. 주체의 죽음이라는 아이디어는 후기 아방가드 시대의 공간을 열어주는데, 작품의 의미는 그것을 통해, 작품 그 자체나 예술가의 상징적-형식적 의도에 새겨지지 않는다. 작품은 오히려 주어진 문화공간의 체현된 경험에서 의미를 달성한다. 저자의 죽음 또한, 거대서사 즉 유토피아의 위기의 불가피한 언설의 발전으로 간주될 수 있다. 전자 기술의 촉진과 함께 저자의 죽음이라는 개념은, 기계복제 시대에서 경험의 불가능성이라는 발터 벤야민의 주장을 뒷받침한다. 보드리야르는 이러한 노선의 사고를 극단까지 밀어붙인다, "실재는 더 이상 실재의 외관을 지닐 시간이 없다. 실재는 심지어 허구조차 더 이상 능가하지 못한다." Baudrillard, *Simulation*, p. 154. 저자의 죽음에 관해서는 다음을 보라. Michel Foucault, *Language, Count-memory, Practice* (Ithaca, N. Y.: Cornell University Press, 1972). 제머슨에 대해서는 다음을 보라. "Periodizing the 60's," in Sohnya Sayres and Anders Stenphenson, eds., *The 60's Without Apology* (Minneapolis: University of Minesota Press, 1984), pp. 178-209.

55) Kenneth Frampton, "Rappel à l'Ordre: The Case for the Tectonic," *Architectural Design Profile*, no. 84. (1990), pp. 19-25.

56) 말그레이브(Harry Francis Mallgrave)는 우리에게 다음을 상기시킨다. "산업화와 투기 (자본주의)가 예술에 초래한 문제들은, 젬퍼가 느끼기에, 아주 심각하고 깊이 뿌리내리고 있다. 즉 새로운 재료, 방법, 기계 등의 확산은 시장을 생산품으로 넘치게 만들었고, 디자이너들이 숙달하기는커녕 숙고할 시간도 거의 없게 만들었다. 이러한 아이디어와 노동의 가치절하는 차례로 의미의 가치절하로 이끌어, 손으로 생산되는 전통예술이 정상이 아닌 것으로 보이게 되었다." 다음을 보라. Semper, *The Four Elements of Architecture and Other Writings*, trans. Harry Francis

Mallgrave and Wolfgan Hermann (Cambridge University Press, 1989), p. 28. 말그레이브의 마지막 논점인 아이디어와 가치의 가치절하에는 세속화의 아이디어, 곧 가치 영역과 경험 영역의 자동화가 시사되어 있다.

57) Walter Benjamin, "The Storyteller," in *Illuminations*, trans. H. Aohn (New York: Schocken, 1969), pp. 83-110.

58) Ibid. p. 84. 이 주제에 관해서는 또한 다음을, 그 중에서도 특히 월린이, 충격 경험에 관한 벤야민의 아이디어를, 의식은 현대적 삶에 직면하여 외부의 자극을 등재하는 것보다 더 보호적이 된다는 프로이트의 믿음과 연관시키는 부분을 보라. Richard Wollin, "Benjamin's Materialist Theory of Experience," in *Walter Benjamin: An Aesthetic of Redemption* (New York: Columbia University Press, 1982), pp. 213-49.

59) Semper, *The Four Elements*, p. 146.

60) Ibid. p. 144. 바그너(Otto Wagner)와 젬퍼가 산업시대의 건축의 미래를 서로 다르게 본 방식에 대해 언급하면서, 말그레이브(Harry Francis Mallgrave)는 다음과 같이 주장한다. 젬퍼는 자신의 시대의 잠재성을 과대평가했고, "새로운 투기 생산방식을 지닌 자본주의는, 역사적 가치와 형식을 거부하기보다 오히려 장려할 경향을 띌 것이라는 것을 예견하는데 실패했다." 바그너에 대한 말그레이브의 서론을 보라. Otto Wagner, *Modern Architecture* (Santa Monica, Calif.: Getty Center for the History of Art and the Humanities, 1988), p. 13.

61) 수잔 벅 모스(Susa Buck-Moss)는 "소원 이미지"의 개념이 벤야민에게 갖는 중요성을 우리에게 상기시킨다. 벤야민에 따르면, 19세기는 새로운 기술을 시원적 형태와 연결시키지 않고서는 이용할 여력이 없었다. 젬퍼는 유물론자들을 비판하면서 다음과 같이 주장한다. "나는, 골동품 애호주의를 비난하는 것과 똑같은 오류에 빠질 위험을 무릅쓰고, 내가 실제로 의견을 개진하고자 하는 것에 이르기 위해서는, 인간사회의 원시적 조건

들로 돌아갈 수밖에 없다는 것을 인식한다." Semper, *The Four Elements*, p. 102. 벤야민에 관해서는 수잔 벅 모스의 다음을 보라. Susan Buck-Moss, "Mythic Nature: Wish Image," *The Dialectics of Seeing* (Cambridge, Mass.: MIT Press, 1989), pp. 110-58.

62) Semper, *The Four Elements*, p. 104.

63) Ibid.

64) Ibid., p. 124.

65) 아돌프 로스의 아티클의 번역은 다음을 보라. "The Principle of Cladding" *in Spoken into the Void* (Cambridge, Mass.: MIT Press, 1982), pp. 66-9. 그리고 마크 위글리는 다음을 보라. "Architecture After Philosophy: And the Emperor's New Paint," *Journal of Philosophy and the Visual Arts* (1990), pp. 84-95. 위글리는, 로스의 다음과 같은 신념뿐 아니라 로스의 구조와 덮개의 구분과 일치하는 것으로도 읽을 수 있다. "건축가의 일반적 과업은, 따뜻하고 살만한 공간을 제공하는 것이다. 건축가는 이런 이유로, 카펫 하나는 바닥에 펼치고 네 개의 카펫을 걸어서 네 개의 벽을 만들기로 결정한다. 그런데, 카펫들로는 집을 지을 수 없다. 바닥 카펫과 벽의 태피스트리(벽걸이 융단) 양자는 그것들을 정확한 자리에 잡아줄 수 있는 구조 프레임을 필요로 한다. 이 프레임을 창안하는 것은, 건축가의 두 번째 과업이다." (Loos, *Spoken into the Void*, p. 66).

66) Semper, *The Four Elements*, p. 126.

67) Ibid., p. 23.

68) Karl Botticher, The Priciples of Hellenic and Germanic Ways of Buildings," Hermann, trans., *In What Style Should We Build?* pp. 147-67, at 158.

69) Ibid. p. 154.

70) Ibid. p. 163.

71) Wlofgan Hermann, Gottfried Semper in *Search of Architecture* (Cambridge, Mass.: MIT Press, 1984), p. 151.

72) Semper, *The Four Elements*, p. 249.

73) Ibid., p. 252.

74) Marco Frascari, "The Tell-the-Tale Detail," *VIA*, no. 7(1984), pp. 23-37.

75) Heinrich Husbsch. 다음에서 인용. Hermann, *In What Style Should We Build?* p. 72.

76) 이 3요소는 르페브르(Henri Lefebre)가 다음의 책에서 규정하고 광범위하게 논의했다. *The Production of Space* (Cambridge: Blackwell, 1991), p. 38. 르페브르의 통찰력 있는 텍스트를 논의하는 것은 이 글의 범위를 벗어난다. 그렇지만, 나는 나의 주장에 중요한 두 연관된 텍스트를 언급하고자 한다. 첫 번째는, 벤야민의 "*기술복제시대의 예술작품(The Work of Art in the Age of Mechanical Reproduction)*"으로, 벤야민은 거기서 다음과 같이 제안한다. "인간의 감각 지각방식은, 인류의 전체 존재방식과 함께 변화한다." 우리의 감각 지각은 인공물에서 아우라를 떼어내면서 철저하게 변화했다. 두 번째는 들뢰즈와 펠릭스 가타리의 *천개의 고원(A Thousand Plateaus)*으로, 이들은 여기서, 모전(毛氈)과 직물(fabric), 그리고 이 두 직물 산업의 생산과정이 자극한 공간적 함의에 대한 유사성에 따라, 들뢰즈가 매끄러운 공간과 골 파진 공간이라 부르는 것의 차이들을 그려낸다. 다음을 보라. Benjamin, *Illuminations*, pp. 217-52. Deleuze and F?lix Guattari, *A Thousand Plateaus* (Minneapolis: University of Minnesota Press, 1987), pp. 474-500.

77) Deleuze and Félix Guattari, *A Thousand Plateaus*.

78) 사이드(Edward Said)에 따르면, "만약 부자관계가 자연적인 혈통과 자연적인 권위형태에 의해 유지된다면, 새로운 부자관계는 이러한 유대를, 길드 의식, 공감, 협력, 전문 직능의 존경, 계급, 그리고 지배문화의 헤게모니

와 같은, 초개인적인 것으로 나타나는 것으로 변화된다. 부자관계 도식은 자연과 "생명"의 영역에 속하는 반면, 동맹은 전적으로 문화와 사회에 속한다." Said, *The Words, The Text, and the Critic* (Cambridge, Mass.: Harvard University Press, 1983), p. 20.

79) 나는 "거리두기(distanciation)"라는 용어와 그것이 나의 결론부에 대해 지니는 함의를, 리커(Paul Ricoeur)의 다음의 담론에서 빌리고 있다. "Speaking and Writing," in *Interpretation Theory: Discourse and the Surplus of Meaning* (Fort Worth: Texas Christian University Press, 1976), pp. 25-44.

80) Romano Luperini, "Symbol and Allegory: From Goethe to Luckacs, From Marx to Benjamin, *Differentia*, no. 5 (spring 1991), p. 101.

81) Ibid.

82) 다음을 보라. Gianni Vattimo, "The End of (Hi)story," Chicago Review, 35, no. 4(1986), pp. 20-30. Vattimo, *The End of Modernity* (Baltimore: Johns Hopkins University Press, 1988). 특히, 마지막 장(章)을 보라, 바티모에 대한 나의 독해는 다음을 보라. Gianni Vattimo, "A Monument to the End of Modernity: Implications of Gianni Vattimo's Discourse on Architecture," in Marc M. Angelil, ed., *On Architecture, the City, and Technology* (Stoneham: Butterworth-Heinemann, 1990), pp. 77-9.

2장_건축, 그리고 기술의 문제: 두 입장들과 "타자"

이 에세이의 짧은 판본인 "기술의 시학과 새로운 객관성(Poetics of Technology and the New Objectivity)"은 다음에 출판되었다. *Journal of Architectural Education*, 40, no. I (Fall, 1986), pp. 14-19.

1) Eugène-Emmanuel Viollet-le-Duc, "Architecture in the Nineteenth Century — Importance of Method," *Discourses on Architecture*, trans. B. Bucknall (New York: Grove, 1959), pp. 447-87.
2) William Morris, "The Revival of Architecture," in N. Pevsner, ed., *Some of Architectural Writers of the Nineteenth Century* (Oxford University Press, 1972), pp. 269-324.
3) Viollet-le-Duc, "Architecture in the Nineteenth Century," p. 446.
4) 모리스(Morris)는 다음과 같이 주장한다. "역사는 우리에게 건축의 진화를 가르쳤다. 역사는 이제 우리에게 사회의 진화를 가르치고 있다. 그리고 "우리의 의지로부터 발전되어 나오는 사회는, 기계적인 단조롭고 고단한 노동을 요구하거나 참지 않을 것이라는 점은, 우리에게 그리고 심지어 그것을 인정하기를 거부하는 많은 사람들에게 명백하다." 새로운 사회는, "우리가 그러하듯, 살기 위해 생산하고, 생산하기 위해 살 것이다." 라고 그는 덧붙인다. 그는 혁명적인 낙관주의로 인해 이렇게 가정했다. "그와 같은 상황 하에서는 건축이 . . . 또 다시 가능할 것이다." "Revival of Architecture," p. 269와 p. 324.
5) 이 학파의 사유에 대한 요약은 다음을 보라. Benedetto Gravagnuolo, *Adolf Loos: Theory and Works*, trans. C. H. Evans (New York: Rizzoli, 1982).
6) Adolf Loos, *Spoken into the Void*, trans. Jane O. Newman (Cambridge, Mass.: MIT Press, 1982), pp. 104-6.
7) Nikolaus Pevsner, *Pioneers of Modern Design* (New York: Penguine, 1975).
8) Walter Gropius, "Gropius at Twenty-Six," *Architectural Review* 130 (July 1961), pp. 49-51.
9) Matei Calinescu, *Faces of Modernity: Avant-Garde, Decadence, Kitsch* (Bloomington: Indiana University Press, 1977), pp. 101-2.

10) Walter Gropius, *Scope of Total Architecture* (New York: Collier, 1974), pp. 19-29. 그로피우스의 진술에는, 유일한 기독교 왕국의 변형에서 전개되어 나오는, 현대세계를 형성하는 주제를 고려하는, 세속화 관점의 핵심이 시사되어 있다. 실제로 "새로운 장인 길드를 형성하고자 하는" 그로피우스의 욕망이 논점의 한 사례이고, 고딕 부흥론자와 분리시켜야 한다.
11) Walter Gropius, "Programme of the Staatliche Bauhaus in Weimar," in Hans M. Wigler, ed., *The Bauhaus* (Cambridge, Mass.: MIT Press, 1978), pp. 31-3.
12) Adorno, Gravagnuolo에서 재인용, *Adof Loos*, p. 60.
13) Marcel Franciscono, *Walter Gropius and the Creation of the Bauhaus in Weimar* (Chicago: University of Illinois Press, 1971), p. 24.
14) Walter Gropius, *The New Architecture and the Bauhaus in Weimar* (Cambridge, Mass.: MIT Press, 1976), p. 54.
15) Walter Benjamin, "The work of Art in the Age of Mechanical Reproduction," in *Illunination*, trans. H, Zohn (New York: Schocken, 1969), pp. 217-52.
16) Walter Gropius, *Scope of Total Architecture* (New York: Collier, 1974), p. 69.
17) Heinrich Wolfflin, *Principles of Art History*, trans. M. D. Hottinger (New York: Dover, 1950).
18) Viollet-le-Duc, *Discourse on Architecture*, p. 44.
19) 바그너(Otto Wagner)는 1891년 자신의 *스케치들, 프로젝트들 그리고 완공작들(Sketches, projects and Executed Buildings)* (trans. Edward Vance Humphery [New York: Rizzoli, 1987], p. 18)의 출판에 즈음하여 우발적으로, 예술의 리얼리즘의 승리에 대해 호의를 언급하며, 건축의 예술적 요구와 실용적 요구에 대한 균형 잡힌 접근을 제안했다. 독일 건축에서의

리얼리즘의 함의에 대해, 나는 말그레이브(Harry Francis Mallgrave), 그리고 이 주제와 즉물성(Sachlichkeit)에 관한 자신의 다음의 미출판 세 에세이의 신실한 제출에 빚지고 있다.(본래 출처: Otto Wagner Symposium, Nov. 305, 1988, at Getty Center for the History of Art and the Humanities.) 이 맥락에서 바그너를 읽기 위해서는 다음을 보라. J. Duncan Berry, "From Historicism to Architectural Realism: On Wagner's Source," 그리고 말그레이브의, "리얼리즘에서 즉물성까지: 오토 바그너와 1890년의 현대성 논쟁(From Realism to Sachlichkeit: Otto Wagner and the Polemics of Modernity in the 1890)." 리얼리즘 건축 내에서 즉물성의 여흥과 즉물성이라는 용어가 신 즉물성으로 변형되는 것을 보기 위해서는 다음을 보라. Stanford Aderson, "*Sachlichkeit* and Modernity, or Realist Architecture."

20) Walter Gropius, "The Theory and Organization of Bauhaus," Tim Benton, Charlotte Benton, and Denis Sharp, eds., *Architecture and Design*, 1890-1939 (New York: Watson-Guptill, 1975), pp. 119-27, at 125.

21) Fritz Schmalenbach, The Term *Neue Sachlichkeit, Art Bulletin* 22, no. 3 (1940), pp. 161-5.

22) Ibid.

23) Francisco Walter Gropius, p. 28. 즉물성 아이디어는 독일 리얼리즘 건축 써클에 뿌리를 내리고 있는데, 독일 리얼리즘 건축은, 젬퍼의 텍토닉에 대한 오토 바그너의 독해에 의존한 채, 윌리엄 모리스(William Morris)의 사유의 토착적 내용을 모사하면서, 새로운 테크닉과 재료를 영국 주거건축의 실용성, 위락, 그리고 위생을 재코드화 하는 수단으로 지각했다. 말그레이브에 따르면, 낱말 즉물성(Sachlichkeit)은 스트라이터(Richard Streiter)가 건축담론에 도입했고, 그 이후 그것을 무테시우스(Herman Muthesius)가 규범과 양식의 이중성의 맥락에서 재해석했다. 다음을 보

라: ,≫-•„ 'Œ (Mallgrave), 19. 영국식 양식을 독일에 도입한 무테시우스의 역할에 관해서는 다음을 보라. Pevsner, *Pioneers of Modern Design*, pp. 30-9.

24) 앤더슨(Stanford Anderson)은 무테시우스의 국가주의 경향에 주목하면서, 그를, 스트라이터(Richard Streiter), 그리고 즉물성의 지역적 내용에 대한 스트라이터의 강조와 연관시켜, 독일 리얼리즘 건축 내에서 무테시우스의 입지를 확립시킨다. 나는, 모리스(William Morris)의 저항의 근원으로서의 지역주의에 대한 관심과, 거주하기의 세속화(이 과정의 강화가 무테시우스의 사회정치적 기획의 목표였다)를 처음부터 구별해야 한다고 제안하곤 했다. 앤더슨에 관해서는 주 19)를 보라.

25) Francisco, *Walter Gropius*, p. 31.

26) 그로피우스는 다음과 같이 계속한다. "인간은 자신이 불후의 미(美)를 발견했다고 상상할 때마다, 모방과 정체로 추락한다. 진실한 전통은 끊임없는 성장의 결과다. 전통의 특성은, 인간에게 끝없는 자극으로 복무하기 위해, 정적이 아니라 동적이어야 한다." Walter Gropius, *Scope of Total Architecture*, (New York: Collier, 1974), p. 67.

27) Walter Gropius, "The Theory and Organization of Bauhaus," p. 147.

28) Peter Eisenman, "Aspects of Modernism: Maison Domino and the Self-Referential Sign," *Oppositions*, nos. 15-16 (Winter-Spring 1979), pp. 119-29.

29) Le Corbusier, *Towards a New Architecture*, trans. F. Etchells (New York: Praeger, 1960).

30) Stanislaus von Moos, *Le Corbusier: Elements of Synthesis* (Cambridge, Mass.: MIT Press, 1979).

31) Baudelaire. 다음에서 인용. Calinescu, *Faces of Modernity*, p. 57.

32) 르 꼬르뷔제에게 파르테논은 탁월한 하나의 기계다. 그에게는 파르테논

의 형태구성이 어떤 것도 표상하거나 암시하지 않는다. 부분들과 부재들은, 기계의 부품들이 그러하듯 서로서로 관계된다. 따라서, 파르테논의 중요성은, 모든 미적 대상처럼 관찰자의 시선을 자극하는 그것의 "구성"이다. 여기서 르 꼬르뷔제는, 감정의 관계성에서 예술을 바라보는 칸트의 "유미주의" 관점을 제시한다.

33) 현대건축에서 회화의 문제에 관해서는 다음을 보라. John Summserson, "Architecture, Painting and Le Corbusierm," in *Heavenly Mansions* (New York : Norton Library, 1963), pp. 177-94. 또한 다음을 보라. Colin Rowe and Robert Slutzky, "Transparency: Literal and Phenomenal," in *The Mathematics of the Ideal Villa and Other Essays* (Cambridge, Mass.: MIT Press, 1984), pp. 159-83.

34) Le Corbusier, *Towards a New Architecture*. p. 11.

35) Le Corbusier. 다음에서 인용. F. Katherine Fischer, "A Nature Morte," *Oppositions*, nos. 15-16 (Winter-Spring 1979), pp. 157-65.

36) 20세기 초 추상이라는 아이디어는 예술과 예술 창조성에서 지배적이었다. 자연과 문명의 관계에 관한 역사적 논쟁에 따라 현대주의 삶의 개념이 추상이 되어 버린 자연과 너무나 멀어졌다. Banham Reyner, *Theory and Design in the First Machine Age* (New York: Praeger, 1967), p. 150. 예술작품에서 추상의 중요성에 관한 발레리(Paul Valéry)의 설명 또한 다음에서 보라. *Colleted Works*, ed. J. Matheius (Princeton, N. J.: Princeton University Press 1972), vol. 8, p. 46.

37) Allan Janik and Stephen Toulmin, *Wittgenstein's Vienna* (New York: Touchstone, 1973), p. 99.

38) Adolf Loos, "Architecture," in Benton, Benton, and Sharp, eds., *Architecture and Design*, pp. 41-5.

39) Adolf Loos, "Cultural Degeneracy," in Benton, Benton, and Sharp, eds.,

Architecture and Design, pp. 40-1, at 40.

40) Hans Poelzig, "The Architect," in Benton, Benton, and Sharp, eds., *Architecture and Design*, pp. 56-60.

41) 그라시(Giorgio Grassi)는, 펠치히와 테세노브(Tessenow)가 메띠에를 강조했던 두 건축가라고 주장한다. 이 진술은, 우리가 테크닉과 예술의 차이에 대한 테세노브의 견해들을 비교할 때 더 중요해진다. 다음을 보라. Grassi, "On the Question of Decoration," *Architectural Design Profile*, 54, nos. 5-6 (1984), p. 33.

42) Adolf Loos, "Architecture," p. 45.

43) Poelzig, "The Architect," p. 60.

44) Martin Heidegger, "The Question Concerning Technology," *Basic Writings*, ed. D. F. Krell (New York: Harper & Row, 1977), pp. 287. *테크네(techne)*에 대한 하이데거의 해석은, 기술의 본질에 대한 논의를 위해 의식적으로 '아우라의 상실' 을 의식적으로 피한다고 주장할 수도 있겠다. 이 함의는, 도구적 개념의 기술의 영역을 넘어 건축과 기술의 관계를 그려내도록 되어 있다.

45) 하이데거는 "앎"을, "단순히 거기에 있는 것 뒤를 시원적이고 영속적으로 지켜봄으로서 . . . . 각각의 경우에, 하나의 명확한 존재로서의 존재의 작업으로 번역하기로서 규정한다. 더욱 상세한 설명은 다음을 보라. John Loscerbo, *Being and Technology* (Boston: Martinus Nijhoff, 1981), p. 22.

46) Heidegger, "The Question Concerning Technology, p. 293.

47) 아르강(Giulio Argan)은 다음과 같이 주장한다. 유형은, "복잡한 형태적 변형들을 하나의 공통된 근본 형태로 환원하는 과정을 통해 형성된다." 그는 다음과 같이 계속한다. 하나의 공통된 근본 형태는, "형태의 내부구조로서, 혹은 무한한 형태 변화의 가능성과 유형 자체의 후속적인 구조변화를 함하는 원리로서 이해해야 한다." 다음을 보라. Argan, "On the

Typology of Architecture," *Architectural Design*, 33. no. 12(1963), p. 565. 유형학에 관한 논쟁의 철저한 조사를 위해서는 다음을 보라. Micha Bandini, "Typology as a Form of Convention," *AA Files*, no. 6 (1986), pp. 72-82; Rafael Moneo, "On Typology", *Oppositions*, 13 (Summer 1978), pp. 23-45. 현대건축에서 유형의 위치에 관해서는 다음을 보라. Anthony Vidler, "The Third Typology" in *Rational Architecture* (Brussels: Archives d'Architecture Moderne, 1978), pp. 28-32.

48) Adolf Loos, "Architecture," p. 45.

3장_아돌프 로스: 현대건축에서 전통이 깨어나는 순간들

1) Walter Benjamin, "Paris, Capital of the Nineteenth Century," in *Reflections* (New York: Harcourt Brace Joovanovich, 1978), p. 148.
2) 다음에서 인용. Susan-Buck-Morss, *The Dialectics of Seeing: Walter Benjamin and the Arcade Project* (Cambridge, Mass.: MIT Press, 1989), p. 67.
3) 로스에게, "전통은, 어머니가 아이의 적이 아닌 것처럼, 발전의 적이 아니다. 전통은 무수한 세대들로부터 나온 힘의 보고이며, 건강한 미래를 위한 견고한 토대다." 다음에서 인용되었다. Stanford Anderson, "The Legacy of German Neo-Classicism and Biedermeir: Behrnes, Tessenow, Loos and Mies," *Assemblage*, no. 15(1991), pp. 63-87. 앤더슨은 현대 독일 건축가들과 18세기 건축의 관계를 탐구하면서, 역사적 과거에 대한 로스의 접근방식을 다음과 같은 말로 특징짓는다. "로스의 전통에 대한 이해는, 문화 환경 내의 갈등, 비일관성, 그리고 모순을 인정하고, 결과적으로, 내가 비판적 인습주의라고 명명한 것을 포용하면서 비판적으로 행할 필

요, 작동 중인 인습들을 비판할 필요를 인정한다." (p. 77).

4) 뉴메이어(Fritz Neumeyer)에 따르면, 베를린에서는 "기차가 박물관 건물을 곧바로 관통하고, 다른 벽면이 그리스와 이집트의 조각들로 덮인 벽 옆으로 달리곤 했다." 그리고 그는 다음처럼 계속한다. "그들은 형태들을 고립시키고, 루티카(rutica), 피아노 노빌레(Piano nobile) 등의 점진적인 수평 층위들을 지닌 위계적 규범을 해체함으로써, 고전 건축구성을 마치 칼처럼 단편들로 쪼갰다. 다음을 보라. Neumeyer, "The Second-Hand City: Modern Technology and Changing Urban Identity," in Marc M. Angelil, ed., *On Architecture, the City, and Technology* (Stoneham, Mass.: Butterworth-Heinemann, 1990), pp. 16-25, at 17.

5) Joseph Rykwert, "Positive and Arbitrary," in *The First Moderns* (Cambridge, Mass.: MIT Press, 1980), pp. 23-53. 논쟁의 다른 양상들을 탐구하면서, 리쿼터는 "역사의 본질의 중요성, 그리고 사유, 고찰에 대한 과거의 관계의 중요성을 강조한다." (p. 25).

6) Walter Benjamin, Illuminations, trans. H. Zohn (New York: Schocken, 1969), p. 257.

7) "건축의 아주 적은 부분만 예술에 속한다. 무덤과 기념비만 말이다. 그 밖의 모든 것, 어떤 목적에 봉사하는 모든 것은 예술의 영역에서 제외되어야 한다." 그리고 독일 공작연맹(Werkbund)을 간접적으로 언급하면서 그는 다음과 같이 계속한다. "그러나 예술과 수공업의 융합은 그 둘 모두와 모든 인간에게 이루 말로 다 할 수 없는 손해를 끼쳤다." Adolf Loos, "Architecture," in Tim Benton, Charlotte Benton, and Dennis Sharp, eds., *Architecture and Design*, 1890-1939 (New York: Watson-Guptill, 1975), pp. 41-45.

8) Benedetto Gravagnuolo, *Adolf Loos: Theory and Works*, trans. C. H. Evans (New York: Rizzoli, 1988). 또한 다음을 보라. David Leatherbarrow,)

"Interpretation and Abstraction in the Architecture of Adolf Loos," *Journal of Architectural Education*, 40, no. 4, (1987), pp. 2-9.

9) 포피리오스(Demetri Porphyrios)에 따르면, 재료의 은유적 작용은 이중 방식으로 이해해야 한다. "한편으로 물질로서의 재료의 특성 바로 그것으로부터, 그리고 다른 한편으로 재료들이 다루어져 온 특별한 테크닉으로부터 샘솟는 연상적 가치를 언급하는 것은 바로 은유다." 다음을 보라. Porphyrios, *Sources of Modern Eclecticism* (London: Academy Editions, 1982), p. 50.

10) Benedetto Gravagnuolo, *Adolf Loos*, pp. 125-33.

11) Ibid., p. 51.

12) Adolf Loos, "Interiors in the Rotunda" in *Spoken into the Void*, trans. Jane O. Newman (Cambridge, Mass.: MIT Press, 1982), p. 24. 여기서, 주택에 대한 로스의 이해와 벤야민의 "아우라" 개념의 유사성을 제시해서, 하나의 대상이 사회적 과정과 역사적 과정의 광범위한 망과 동일시되는 역사적 접합점을 언급할 수도 있겠다. 벤야민에 따르면, 아우라는 . . . 기술복제로 인해 시들어 사라진다. 다음을 보라. Benjamin, *Illuminations*, p. 221.

13) 벤야민에 따르면, "예술작품의 독특성은 전통의 조직에 새겨져 있는 그것의 존재로부터 떼어낼 수 없다." 그리고 그는 다음과 같이 계속한다. "진정한 예술작품의 독특한 가치는, 그것의 원래 사용가치의 장소인 의례(儀禮)에 토대를 둔다." 다음을 보라. Walter Benjamin, "The Work of Art in the Age of Mechanical Reproduction," in *Illumination*, pp. 217-52. at 223. 여기서 벤야민은 일차적으로, 예술에 대한, 그리고 대중에 의한 예술의 수용에 대한 기계화의 충격에 관심을 둔다. 그런데, 그의 맺음말에는 다음과 같은 아이디어가 시사되어 있다. 기계화는, 아우라의 토대를 훼손하면서도, 예술의 시각적 측면에 중요할 뿐 아니라, 건축의 집단적 수용을 위한 지방 고유의 "습관" 또한 형성할 수 있는, 오락(distraction)

상태를 자극할 수도 있다. 왜냐하면, 역사의 전환점에서 인간의 지각기관은 당면한 과업들을 시각적 수단 즉 관조에 의해서만 해결할 수는 없기 때문이다. 그러한 과업들은 촉각의 전용(轉用)의 지도를 받는 습관에 의해 점진적으로 숙달된다."(p. 240). 마지막 이 논점은, 습관에서 발전되어 나온 가촉성(tactility)이, 건물이 전용되는 방식에 하나의 결정적 역할을 한다는 벤야민의 주장과 함께 읽을 때 비로소 의미가 있다.

14) Adolf Loos, "Interiors in the Rotunda," p. 24.

15) 다음에서 인용. Kurt H. Wolf, *The Sociology of George Simmel* (New York: Free Press, 1964), p. 422.

16) 키튼(Keaton)은, 로스가 미국 방문 기간 동안 리차드슨(Richardson) 주택들 특히 시카고에 있는 글래스너(Glessner) 주택의 내부들을 좀 봤다고 주장한다. L. K. Kaeton, *American Architecture Comes of Age* (Cambridge, Mass.: MIT Press, 1972), p. 114. 슈타이너 주택(Steiner House)에 대한 리차드슨의 영향 대해 언급하면서, 그라바눌라(Gravagnuolo)는 다음을 지적한다. "미국 선구자들의 주택에 대한 세련된 환기(喚起)를 입증해 주는 것은, 공간적 연속체의 건축텍토닉 개념으로서, (노출된 벽돌쌓기와 서까래, 천장에 매달린 조명, 가구 디자인에 대한 거친 외관 등과 같은) 디테일들 그 이상이다." Gravagnuolo, *Adolf Loos*, p. 139.

17) Loos, "The Principle of Cladding," *Spoken into the Void*, p. 67. 나는 말그레이브(Harry. F. Mallgrave)가 제안한 것처럼, 베클라이둥(Bekleidung)이라는 말을 피복(dressing)이라는 말로 사용하고 있다. "Adolf Loos and the Ornament of Sentiment," *Midgard* I, no. I (1987), pp. 78-87.

18) 옷(dress)과 피복(dressing)의 구분은 로스의 다음의 신조에서 명시적이다. "나무는 한 가지 색, 즉 나무 색을 제외한 어떤 색으로도 페인트칠 할 수 있다." Loos, "The Principle of Cladding," p. 67.

19) 이 진술은, 세속화, 그리고 "약한 사유"(weak thought)의 건축에 관한 바

티모(Gianni Vattimo)의 담론에 대해 그것이 지니는 중대성을 이해하는 데 중요하다. 다음을 보라. Vattimo, "Myth and the Fate of Secularization," *Res*, no. 9(1985), pp. 29-35.

20) Loos, "Architecture," p. 45.
21) Kenneth Frampton, *Modern Architecture: A Critical History* (New York: Oxford University Press, 1980), p. 44.
22) Stanislaus von Moos, "Le Corbusier and Loos," *Assemblage*, no. 4 (1987), pp. 25-37. 또한 다음을 보라. von Moos, *Raumplan Versus Paln Libre*, ed Max Risselada (New York: Rizzoli, 1988).
23) Kenneth Frampton, *Modern Architecture*, p. 85.
24) Gianni Vattimo, "Dialectics, Difference, and Weak Thought," *Graduate Faculty Philosophy Journal* 10. no. I (1984), pp. 151-64. 또한 다음을 보라. Vattimo, *The End of Modernity* (Baltimore: Johns Hopkins University Press, 1988).

4장_장인 솜씨: 프랭크 로이드 라이트의 거주하기 전통

이 장(章)은 다음의 수정본이다. "Métier: The *Tradition of Dwelling*," *Traditional Dwelling* 16(1989), pp. 1-22.

1) Frank Lloyd Wright, *In the Cause of Architecture*, ed. F. Gutheim (New York: Architectural Record Books, 1975), p. 123.
2) Walter Benjamin, "The Work of Art in the Age of Mechanical Reproduction," in *Illuminations* (New York: Schocken, 1969), pp. 217-52.
3) T. S. Eliot, "Tradition and the Individual Talent," in *Selected Process of T. S. Eliot*, ed. Frank Kermode (New York: Harcourt Brace Jovanovich,

1965), pp. 37-44, at 38.

4) Adolf Loos, "Architecture," in Tim Benton, Charlotte Benton, and Dennis Sharp, eds., *Architecture and Design 1890-1939* (New York: Watson-Guptill, 1975), pp. 41-5.

5) Gottfried Semper, "London Lecture of November ii, 1853," edited by Harry F. Mallgrave, *Res 6* (Autumn 1983), pp. 5-31, at 12.

6) S. N. Kelly, *Frank Lloyd Wright: A Study in Architectural Content* (New York: Watkins Glen American Life Foundation, 1977).

7) 나는 스트라이터(Richard Steiter)와 그의 리얼리즘 건축 명료화를, 분위기나 환경의 요건의 견지에서 고려한다. 비록 그의 아이디어들은 앤더슨(Stanford Anderson)이 논증하듯, 수공예운동에 뿌리내리고 있다손 치더라도, 로스에서 특이한 차원을 달성한다. Anderson, "Sachlichkeit and Modernity, or Realist Architecture," (미출판 원고). 이 책의 2장, 주19)를 보라.

8) Harry Russell Hitchcok and Philip Johnson, *The International Style* (New York: Norton Library, 19660, p. 27. 전시물에 대한 비판적 고찰은 다음을 보라. Terence Riley, *The International Style Exhibition 15 and the Modern Museum of Art* (New York: Rizzoli, 1992).

9) Walter Benjamin, "The Destructive Chapter," in *Reflections* (New York: Harcourt Brace Jovanovich, 1978), p. 17.

10) Terry Eagleton, *Walter Benjamin, or Towards a Revolutionary Criticism* (London: Verso, 1985), p. 59.

11) Frank Lloyd Wright and B. Brownell, *Architecture and Modern Life* (New York: Harper & Brothers, 1937), p. 17.

12) 헤테로토피아(heterotopia)는 유토피아와 반대로, 교란한 언설의 형성을 펼친다. 왜냐하면, 그것은 언어의 질서화 논리의 바탕을 훼손하고, "구문

을 먼저, . . . 그러나 낱말과 사물을 (서로서로의 옆에서 그리고 대립해서) 결합시키는 덜 분명한 구문 또한" 파괴하기 때문이다. Michel Foucault, *The Order of Things* (New York: Vintage, 1973), p. xviii. 또한 다음을 보라. Foucault, "Of Other Spaces," *Diacritics*, 16, no. I (Spring 1986), pp. 22-7.

13) Kelly, *Frank Lloyd Wright*, p. 53.

14) Le Corbusier, *Towards a New Architecture*, trans. F. Etchells (New York: Praeger, 1960), p. 68.

15) Mercia Eliade. 다음에서 인용. Kelly, *Frank Lloyd Wright*, p. 169.

16) Frank Lloyd Wright , *The Living City* (New York: Merdian, 1958) pp. 19-25. 또한 다음을 보라. Vincent Scully, *Frank Lloyd Wright* (New York: Braziller, 1985), p. 21.

17) Frank Lloyd Wright and B. Brownell, *Architecture and Modern Life*, p. 25.

18) Frank Lloyd Wright, *The Future of Architecture* (New York: Horizon, 1953), p. 200.

19) 다음에서 인용. "Three Works by F. L. Wright and Other Writings," *Zodiac*, no. 17(1967), pp. 11-46.

20) Wright, *The Living City*, p. 154.

21) 이 정면과 비올레-르-뒤크 사유의 관련성에 대한 상세한 분석은 다음을 보라. Edward E. Ford, *The Details of Modern Architecture* (Cambridge, Mass.: MIT Press, 1982), pp. 66-9.

22) Frank Lloyd Wright, *The Future of Architecture* (New York: Horizon, 1953), p. 107.

23) Adolf Loos, "The Principle of Cladding," in *Spoken into the Void* (Cambridge, Mass.: MIT Press, 1990), pp. 66-9.

24) 스컬리(Vincent Scully)는, 이 정면의 수직 줄무늬와 수평 줄무늬를 몬드리안 추상회화들과 비교한다, 이러한 유사성은, 피복과 텍토닉 아이디어

들의 대화적 관계의 결과로서의 건축텍토닉 표현에 대한 분석까지는 못 미친다. Scully, *Frank Lloyd Wright*.

25) Frank Lloyd Wright, *An Autobiography* (New York: Horizon, 1977), p. 170.

26) Manfredo Tafuri and Francesco Dal Co, *Modern Architecture* (New York: Abrams, 1979), p. 159.

27) Philip D. Verner, "Wisdom of Barbarism," in *Vico's Science of Imagination* (Ithaca, N. Y.: Cornell University Press, 1982), pp. 193-221.

28) 라이트 건축에서의 추상의 개념에 대해서는 다음을 보라. Neil Levine, "Abstraction and Representation in Modern Architecture: The International Style of Frank Lloyd Wright," in *AA Files*, no. 11 (Spring 1986), pp. 3-21.

29) 또다시, 라이트 건축의 지역적 내용을 강조해야 한다. 왜냐하면, 그것은 멈포드(Lewis Mumford)가 지역주의를, 보자르의 역사주의와 국제주의 양식의 기능주의에 대한 대안으로 제시하는 배경이 되곤 했기 때문이다. 나는 "현대 미술관(Museum of Modern Art)"에서 개최한 한 세미나에서 "현대건축에 무슨 일이 일어나고 있는가?(What is happening to Modern Architecture?)"라는 제목으로 한 멈포드의 강연을 언급하고 있다. 다음을 보라. *Museum of Modern Art Bulletin* (Spring, 1948), pp. 4-21. 또한 다음을 보라. Mumford, "Skyline," *New Yorker* (Oct. 11, 1947), pp. 104-8. 1950년대는 미국예술과 미국건축의 미래의 발전에 중요했다. 건축의 미래에 대해 앞서 언급한 관심과 함께, 예술적 아방가드에서 정치적 내용을 청소하는 것을 목표로 삼고 진행 중이던 지적 논쟁이 또한 존재했다. 이것은 결국, 미국 추상회화의 실현으로 끝났다. 다음을 보라. Serge Guilbaut, *How New York Stole the Idea of Modern Art* (Chicago: University of Chicago Press, 1983). 흥미롭게도, 길바우(Guilbaut) 관측의 건축적 함의를 거의

반세기 후 MOMA의 해체주의 건축 전시회에서 추적할 수 있다.

30) Sibly Moholy-Nagy, "F. L. W. and the Aging Modern Architecture," *Progressive Architecture* 40, no . 5 (1959), p. 137.

5장_미스 반 데 로에: 벽과 기둥의 계보

이 장(章)은 다음을 수정한 것이다. *Journal of Architectural Education*, 42, no. 2(1989), pp. 33-6.

1) 주 23)을 보라.
2) Colin Rowe, *The Mathematics of the Ideal Villa and Other Essays* (Cambridge, Mass.: MIT Press, 1982), p. 35.
3) 철학 담론으로 가장된 미스 작품의 해석을 위해서는 다음을 보라. S. Serenyi, "Spinoza, Hegel and Mies: The Meaning of the New National Gallery in Berlin," paper abstract, *Journal of the society of Architectural Historians* 30 (Oct, 1971), p. 240. 또한 다음들을 보라. Franz Schulz, *Mies van der Rohe: A Critical Biography* (Chicago University of Chicago Press, 1985), pp. 90-4, Fritz Neumeyer, *The Artless Word* (Cambridge, Mass.: MIT Press, 1992). 뉴메이어(Neumeyer)는 미스의 "짓기 예술"(building art) 개념에 대한 심층적 분석을 제공할 뿐 아니라, 당대의 지적 논점과 철학적 논점의 맥락에서 미스의 담론의 변천을 그려낸다.
4) 타푸리(Manfredo Tafuri)가 제안했다시피, 아방가드 사유의 가장 중요한 측면은, 예술과 사회의 비판적 이해의 길을 열기 위해 기존 가치들의 성스러움을 더럽히고자 하는 시도였다. Tafuri, *Architecture and Utopia*, trans. B. L. Penta (Cambridge, Mass.: MIT Press, 1977), p. 56. 미스에서의 절대주의(Suprematist) 화가들의 영향에 관해서는 다음을 보라. Kenneth

Frampton, "Mies van der Rohe and Significance of Fact, 1921-23," in *Modern Architecture: A Critical History* (New York: Oxford University Press, 1980), pp. 161-6. 미스에서 체념의 주제에 관한 분석은 다음을 보라. K. Michael Hays, "Critical Architecture," *Perspecta* 21(1984), pp. 14-24.

5) 미스가 다른 지적 써클들과 가진 관계의 범위에 대해서는 다음을 보라. Schultz, *Mies van der Rohe*, pp. 83-130.

6) Ibid. p. 35.

7) Ulich Conrads, *Programs and Manifestations on Twentieth Century Architecture* (Cambridge, Mass.: MIT Press,1975), p. 154.

8) Mies van der Rohe, "Aphorisms on Architecture and Form." 다음에서 인용. Philip Johnson, *Mies van der Rohe* (New York: Museum of Modern Art, 1947), pp. 184.

9) Alfred Barr, *Cubism and Abstract Art* (New York: Museum of Modern Art, 1964), pp. 156.

10) 알베르티(Alberti)는 장식과 아름다움의 상호관계에 관해 다음과 같이 결론짓는다. "온당하고 내재적인 아름다움은 다소 사랑스럽고 전 몸체에 퍼져있으며, 장식은 온당하고 내재적이라기보다 다소 부가되거나 붙여진 것이다." Leon Battista Alberti, *Ten Books on Architecture*, ed. Joseph Rykwert (London: Alec Tranti, 1955), pp. 113.

11) Ibid. p. 48.

12) Michel Foucault, *The Order of Things* (New York: Vintage, 1973), p. 29.

13) Alberti, *Ten Books of Architecture*, p. 14.

14) 이 주제에 관해서는 다음을 보라. Joseph Rykwert, "Inheritance or Tradition?" *Architectural Design Profile* 49, nos. 506(1979), pp. 2-6.

15) Alberti, *Ten Books of Architecture*, p. 48.

16) Hebert Damisch, "The Column and the Wall," *Architectural Design Profile*

49, nos. 5-6(1979), pp. 18-25.

17) 첫 번째 관점에 대해서는 다음을 보라. Wolf Tegethof, *Mies: The Villas and Country Houses* (New York: Museum of Modern Art, 1985), 그리고 두 번째에 대해서는 다음을 보라. Schultz, Mies van der Rohe.

18) 나는 독자들에게 알라야리 시청(Alajärvi Town Hall)이나 타시사리(Tammissari) 소재 이케나 은행(Ekenas Savings Bank)에서 이 재료를 처리한 알바 알토(Alvar Alto)의 수법을 참조하기 바라는데, 포피리오스(Demetri Porphyrios)에 따르면, 거기서 은유적 작용은 대리석의 물질적 사실성이 아니라 그 "양식적 밀도"에, 즉 고전주의가 이미 할당한 코드화된 의미에 기초하고 있다. 다음을 보라. Porphyrios, *Sources of Modern Eclecticism* (London: Academy Edition, 1982), p. 50.

19) 다음에서 인용. L. Hiberseimer, *Contemporary Architecture: Its Roots and Trends* (Chicago: Theobald, 1964), p. 200.

20) Francesco Dal Co, *Figures of Architecture and Thought* (New York: Rizzoli, 1990).

21) 아도르노는, 예술과 기술의 관계의 변천에 대해 언급하면서 다음과 같이 주장한다. "테크닉은 예술 언어의 축도(縮圖)이면서, 예술 언어를 또한 폐기한다." 다음을 보라. Adorno, *Aesthetic Theory* (New York: Routledge & Kegan Paul, 1984), p. 310. 동일한 폐기 과정이 미스에게서 작동 중이다, 그의 건축은 재현적 의도성이나 주체적 의도성을 모두 포기한다. 헤이즈(Michael Hays)는 이 점에 대해 논하면서 다음과 같이 제안한다. 미스는 주체가 "사회적 서브텍스트(subtext)"에 온전히 흡수되는 것에 저항하지만, 이 서브텍스트(subtext)를 온전히 흡수하는 것은 힐버자이머(Ludwig Hiberseimer)의 형태들이다.

22) 미스는, 구아르디니(Guardini)의 철학을 따르면서 기술을, "현실화의 수단으로서 수용했고, 또한 기술을 잠재적 위협으로도 보았다." 구아르디

니에게 기술에 대한 이러한 양면 가치적 접근방식은, 모더니티의 기획이 창조한 혼돈스러운 상황에서 삶의 생명력을 유지하기 위한 유일한 방법이다. 다음을, 특히 다음의 6장을 보라. Fritz Neumeyer, *Artless Word*.

23) 마이너 언어(minor language)는, 기존 메이저 언어 바깥에서 작용하지 않는다. 오히려, 그것은 우리가 예상할 수 있을 것과 다른 목적들을 위해 메이저 언어의 잠재성들을 이용한다. 들뢰즈(Gilles Deleuze)와 가타리(Felix Guattari)에 따르면, 언어를 문제화시키는 그러한 행위는, 재영토화(제임스 조이스, James Joyce)나 기존의 헤게모니 언어의 탈영토화(카프카, Kafka)로 귀결될 수 있다. 다음을 보라. Deleuze and Guattari, *Kafka: Towards a Minor Literature* (Minneapolis: University of Minnesota Press, 1986), pp. 16-27. 이 사유에 따라 우리는 다음을 제시할 수 있을 것이다. 바로크 건축의 다중심성들은 르네상스 언어를 재영토화 하고, 인본주의 가치들의 지속을 유지한 반면, 피라네시(Piransi)의 동판화는 그러한 가치들의 일관된 전체성을 뒤흔듦으로써 고전 건축언어의 존재이유를 탈영토화했다.

6장_아직 파악되지 않은 것의 구축

1) Johan Wilton-Ely, *The Mind and Art of Giovanni Battista Piranesi* (London: Thames & Hudson 1978), p. 78.
2) 모더니티(현대성)에 대한 보들레르의 관점에 관해서는 다음을 보라. Walter Benjamin, *Charles Baudelaire: A Lyric Poet in the Era of High Capitalism* (London: Verso, 1983). 또한 주 3)을 보라.
3) 모더니티 개념의 계보, 그리고 보들레르와 슐레갤(Schlegal)의 문학작품에 대해 그것이 지니는 함의들에 대해서는 다음을 보라. Tilo Schabert, "A

Note on Modernity," *Political Theory* 7, no. I (1986), pp. 123-37.

4) Michel Foucault, "Kant on Enlightenment and Revolution," *Economy and Society* 15, no. I (1986), pp. 88-96. 푸코에게 "모던"(modern)을 생각할 수 있는 것은, 우리의 전(前)역사에 대한, 그리고 여전히 당대적인 것에 대한 대비 안에서다. 라취만(John Rajchman)에 따르면, 푸코의 후기 저술에서 "모더니티는, 과거에 작용하던 것이 우리의 현재에도 여전히 작용하는 것을 가리키게 된다." 다음을 보라. Rajchman, *Michel Foucault: The Freedom of Philosophy* (New York: Columbia University Press, 1985), p. 31.

5) Alberto Pérez-Gomez, *Architecture and the Crisis of Modern Science* (cambridge, Mass.: MIT Press, 1983). 나는 이 글의 마지막 원고를 마무리하기 전에, 페로(Claude Perrault)의 *Ordonnace*의 영문판의 페레즈 고메즈 서문을 읽을 기회가 있었다. 여기서 페레즈 고메즈는, 현재의 건축이론의 허무주의를 페로의 담론 속에 접어 넣고, 페로의 담론은 "단순히 과거에 대한 동경으로 거부되거나 잘못 극복되지 않은 채 재구조화 되어야 한다."고 정확하게 결론짓는다. 그러므로 로고스(logos)와 미토스(mythos)의 추정적 결합에 대한 페로의 의심은, 부정적으로 제시되는 것이 아니라, 오히려 의미 있는 건축을 펼쳐낼 수 있다는 것을 시사한다. Alberto Pérez-Gomez, "Introduction" to Calude Perrault, *Ordonnance for the Five Kinds of Columns After the Method of the Ancients* (Santa Monica, Calif.: Getty Center for the History of Art and the Humanities, 1993), pp. 38.

6) Joseph Rykwert, *The First Moderns: The Architects of the Eighteenth Century* (Cambridge, Mass.: MIT Press, 1980).

7) Theodor Adorno, "The Idea of Natural History," *Telos*, no. 60(Summer 1984), pp. 111-24. 아도르노는 알레고리에 관한 벤야민의 담론을 따르면서 유사성의 개념을 단정하는데, 우리는 그것을 통해 관습을 마침내 변증법적으로 이해할 수 있게 된다. "만약 우리가 특정의 주택들에서 유사성

의 한 측면을 감지한다면, 그 유사성에 따라 항상-존재해-왔던-것(that-which-has-always-been)과 그것이 다만 인식되고 있는 중이라는 것에 대한 생각이 존재하게 된다." (p. 124).

8) Vittorio Gregotti, "The Project of the Present," *Casabella* (Oct. 1986), pp. 2-3.
9) Marc-Antoine Laugier, *An Essay on Architecture*, trans. W. A. Herrmann (Los Angeles: Hennesey & Ingalls, 1977), p. 12.
10) Neil Levine, "Abstraction and Representation in Modern Architecture: The International style of F. L. Wright," *AA Files*, no. 11 (Spring 1986), pp. 3-21.
11) 로지에는 고전 건축에 접근하면서 독단적 태도를 취하지 않았다. 그는 자신의 에세이에서 변화를 여러 번 옹호했다. 그러나 그는, 아이젠만(Peter Eisenman)에 따르면, "영원한 과거, 곧 현대의 시대나 현재보다 뛰어난 황금시대를 환기시키는 고전적인 것에 도전하려 하지 않았다." Eisenman, "The End of the Classical: The End of the Beginning, The End of the End," *Perspecta*, no. 21, (1984), pp. 154-173. 용어 "고전적"(classical)의 사회학적 해석과 그 형식체계에 관해서는 다음을 보라. Alexander Tzonis and Liane Lefaivre, *Classical Architecture, the Poetics of Order* (Cambridge, Mass.: MIT Press, 1986).
12) 이 주제에 관해서는 다음을 보라. Demetri Porphyrios, "Classicism Is Not a Style," *Architectural Design*, 52, nos. 5-6(1982), p. 51-7. 여기서 포피리오스는 고전건축의 존재이유로서 텍토닉을 제시한다. 이 입장은, 고전주의에 의해 시작된 건물의 존재론을 넘어서는 텍토닉 담론을 위한 여지를 남기지 않았다. 이와 대조적으로 젬퍼는, 존재론이 예술적 경험에 존재하고 기예를 통해 달성되는 "우주적 예술"로서의 텍토닉을 주장한다.
13) 비트루비우스에 따르면, "건축의 의미와 아름다움은, 합리적 질서 그러

니까 천체의 운행과 인간신체의 비례에서 식별할 수 있는, 우주의 수학적 질서에 의존했다." 다음에서 인용. Alberto Pérez-Gomez, "The Myth of Daedalus," *AA Files*, no. 10 (1985), pp. 45-52. 페레즈 고메즈는, 그가 모든 형태의 가능성에서 데카르트 이전의 도구적 합리성을 해방시킬 때 비트루비우스를 정당하게 다룬다.

14) Vitruvius, *De Architectura*, trans. Frank Granger (Cambridge, Mass.: Harvard University Press, 1970), pp. 77-87. 리쿼트(Joseph Rykwert)는 이 문구의 절충주의 측면을 지적하고, 건축의 기원의 문제에 관심 있는 건축가들을 위한 필수 텍스트로 간주한다. 그에 따르면, 비트루비우스의 해명은 "소요학파 경험주의에 의해 물든 금욕주의 교리의 티가 난다." Rykwert, "Reason and Grace," in *On Adam's House in Paradise* (Cambridge, Mass.: MIT Press, 1981), pp. 105-44.

15) Martin Heidegger, "Building Dwelling Thinking," in *Poetry, Language, Thought* (New York: Harper & Row, 1971), pp. 143-62. 하이데거는 근원적 "사태(event)," 곧 자연의 공동체가 사라지고 사물이 이해하는 자에게 명명할 수 있고 이해할 수 있게 되는 밝힘의 사태에 관해 언급한다. 다음을 보라. Soseph P. Fell, *Heidegger and Sartre: An Essay on Being and Place* (New York: Columbia University Press, 1979), pp. 189-214.

16) 다음에서 인용. K. O Werckmeister, "From Revolution to Exile," in Carolyn Lancer, ed., *Paul Klee* (New York: Museum of Modern Art, 1987), pp. 39-64. 인간신체와 건축의 문제에 관해서는 다음을 보라. Joseph Rykwert, "Inheritance or Tradition?" *Architectural Design* 49, nos. 5-6(1979), pp. 2-6.

17) Wolfgang Herrmann, *Laugier and the Eighteenth Century French Theory* (London: Zwemmer, 1985).

18) 오두막(hut)에 관한 젬퍼의 입장에 관해서는 다음을 보라. Wolfgang

Herrmann, *Gottfried Semper in Search of Architecture* (Cambridge, Mass.: MIT Press, 1984), pp. 165-73. 건축의 기원에 관한 젬퍼의 견해에 대해서는 다음을 보라. Joseph Rykwert, "Necessity and Convention," *On Adam's House in Paradise* (Cambridge, Mass.: MIT Press, 1981), pp. 29-42. 젬퍼의 인습적 해석에 대한 비평을 위해서는 다음을 보라. Rosemarie Haag Bleher, "On Martin Frohlich's Gottfried Semper," *Oppositions*, no. 4 (Oct. 1974), pp. 146-53.

19) Gottfried Semper, "London Lecture," *Res 6* (Autumn 1983), pp. 5-31.

20) 젬퍼는 다음에서 인용. Harry Francis Mallgrave, "The Idea of Style: Gottfried Semper in London," Ph. D. Dissertation, University of Pensylvania, 1983. p. 302.

21) 유르세나(Marquerite Yourcenar)는 신체, 자연, 그리고 건축에 대해 피라네시가 지각하는 다음 그림을 제시한다. "시각적 은유는, 인간이 만든 형상과 인체를 단순히 동일시하는 대신, 자연력의 앙상블 내에 전당을 복원시키는데, 그중에서도 우리의 가장 복잡한 건축들은 하나의 부분적이고 무의식적인 소우주에 지나지 않는다."(p. 100) 혹은, "폐허가 된 사원은 단지 바다 위의 난파선 형태가 아니다. 그 자체가 자연이다." (p. 101) Yourcenar, *The Dark Brain of Piranesi and Other Essays*, trans. R. Howard (New York: Farrar Straus & Giroux, 1984), pp. 87-128.

22) Paolo Rossi, *Philosophy, Technology and the Arts in the Early Modern Era*, trans. Salvator Attnasio (New York: Harper Torch, 1970).

23) 이 대화는 프람프톤(Kenneth Frampton)이 다음의 글에서 보호하는 것의 금언이 된다. "A Critical Theory of Building, " *Modern Architecture and the Critical Present* (New York: st. Martin's, 1982), pp. 28-45.

24) Louis I. Kahn. 다음에서 인용. John Cook and Heinrich Klotz, *Conversations with Architects* (New York: Praeger, 1973), pp. 178-218.

25) Kenneth Frampton, "Excerpts from a Fragmentary Polemics," *Art Forum*, no. 19 (Mar. 1981), pp. 52-8.

26) Gregotti, "Project of the Present," p. 3.

27) 이 두 가지 논점에 대한 철저한 논의를 위해서는 다음을 보라. Gevork Hartoonian, "Avant-Garde: Re-thinking Architecture," *Art Criticism* 7, no. 2 (1992), pp. 100-107.

28) 이러한 "폐합(closure)"의 심리학적 측면들은 다음에서 논의된다. Sigmund Freud, *Civilization and Its Discontent*. "문화산업(Culture Industry)"에 관한 아도르노(Theodor Adorno)의 담론은, 그와 같은 주제의 문화적 함의를 계몽의 기획의 불가피한 결과로서 탐색한다. 문화 산업은, 예술작품에 대한 대중들의 관계가 소비상품에 대한 그들의 관계와 병행하는 그러한 관리되는 사회를 그려낸다. 또한 다음을 보라. Hubert Marcuse, *One-Dimensional Man* (New York: Bacon Press, 1964).

29) Martin Heidegger, *Poetry, Language, Thought*, p. 76.

30) 모더니티(현대성)의 두 가지 주된 경향들, 즉 역사적 과거로의 퇴보와 "과거 타도"라는 미래파의 신조 사이에, 일반적으로는 바티모(Gianni Vattimo)의 작품, 그리고 특수하게는 재수집(*Verwindung*, recollection)에 관한 그의 사유가 현재 건축에 중요하다. 그는 하이데거를 니체의 관점에서 읽으며, 세속화의 궁극적 운명은 인본주의 역사의 내용, 바로 그것의 재수집과 비틀기라고 주장한다. 다음을 보라. Vattimo, *The End of Modernity* (Baltimore: Johns Hopkins University Press, 1988). 또한 다음을 보라. Gevrok Hartoonian, "A Monument to the End of Modernity: Implications of Gianni Vattimo's Discourse on Architecture," in Marc M. Angelli, ed., *On Architecture*, the City, and Technology (Stoneham: Butterworth-Heinemann, 1990), pp. 77-9.

31) 가다머(Gadamer)에게 건축의 장식의 특징은, 장식의 양면적 매개에 묻

혀있다. "관찰자의 관심을 그 자체에게 끄는 것, 그의 취미를 만족시키는 것, 그리고서 그 자체로부터 벗어나 그것이 수반하는 삶의 더 큰 맥락으로 관심을 향하게 하는 것이다." 다음을 보라. Hans -Georg Gdamer, *Truth and Method* (New York: Crossed, 1985), p. 140. 장식적인 것이라는 개념의 주된 함의는 건축을, "진짜 예술작품"이나 "천재의 예술"의 형이상학을 넘어서 생각하는 것이다. 기념비/장식에 대한 나의 주장은, 바티모의 관점에서 가다머의 담론을 재작업 한 것이다. 건축을 장식으로 논의하는 가다머는, 재현의 담론의 부침(浮沈) 안에 있다. 이와 대조적으로 바티모는, 아우라의 상실이라는 벤야민의 성격묘사를 수용하고, 주로 세속화 과정을 급진화 함으로써 "본질적인 것"과 "잉여적인 것"의 동시성의 달성 가능성을 생각한다. Vattimo, "Ornament and Monument", *The End of Modernity*, pp. 79-89.

32) Vitruvius, *De Architectura*, book 4, p. 209. 고전건축에서 의식(儀式)의 중요성에 대해서는 다음을 보라. George Hersey, *The Lost Meaning of Classical Architecture* (Cambridge, Mass.: MIT Press, 1988). 들뢰즈(Gilles Deleuze)를 따르는 모랄레스 루비오(Ignasi de Sola_Morales Rubio)는, "시간의 경과에 저항하는 거주의 형이상학의 영속성을 훼손하는 건축을 생산할 수 있는 "사건의 문화", 그러니까 "영원히 존재하는 어떤 것의 계시가 아니라 사건의 생산으로서의 장소의 생산"을 논의한다. 다음을 보라. Rubio, "Place: Permanence or Production," in Cynthia Davidson, ed., *Anywhere* (New York: Rizzoli, 1992), pp. 110-15. 모랄레스 루비오는, 오늘날의 건축을 위해 고전규범을 따르는 것이 불가능한 것에 대해 정확히 언급한다. 그러나 비트루비우스에 대한 그의 독해는 학문적 관습의 영역에 한정되고, 이론을 형성하는 개념들을 문학 텍스트에서 끌어오는 건축이론들의 현재의 경향을 어쨌거나 정당화한다.

33) Gottfried Semper, *The Four Elements of Architecture and Other Essays,*

trans. Harry Francis Mallgrave and Wolfgang Herrmann (Cambridge University Press, 1989), p. 65. 여기서 다시 한 번, 젬퍼는 건축을 모방예술로 간주하는 관점을 비판한다. 흥미롭게도, 극적속성(theatricality)에 대한 비평이 꾸르베(Courbet)의 회화의 사실주의 내용에 묻혀있는데, 이 내용은 기하학에서 모든 형상적 요소가 정화된 추상회화와 말레비치의 건축적 도형 양자에 다른 목적으로 되풀이된다. 그런데, 극적속성은 많은 포스트모던 건축의 키치 특징으로 다시 나타난다. 19세기 초 프랑스 리얼리즘 회화의 극적속성의 주제를 위해서는 다음을 보라. Michael Fried, *Courbet's Realism* (Chicago: University of Chicago Press, 1990). 분석 큐비즘에서 종합 큐비즘에 이르는 큐비즘 과도기에서 논의의 초점은, "구축"의 개념과 19세기 후기 회화에 대한 그것의 함의였다. 파리의 아방가드들은, 감각의 경험론을 의식의 개념화와 결합시킨 세잔느(Paul Cézanne)를 선호하여, "꾸르베의 피상적 리얼리즘"로부터 벗어나고자 했다. 프랑스 큐비즘의 전후(戰後)발전에서의 구축의 개념에 대해서는 다음을 보라. Kenneth E. Silver, *Esprit de Corps* (Princeton, N. J.: Princeton University Press, 1989), 특히 pp. 299-361를 보라. 젬퍼의 극적속성을, 꾸르베의 피상적 리얼리즘이라 주장된 것과 관련시킬 수도 있겠다. 그러니까, 꾸르베의 리얼리즘을 피상적으로 지각되게 야기한 측면은, 텍토닉을, 꾸르베의 "사실적' 표상이라기보다 "구조적-상징적" 구축의 표현으로도 만든다는 것이다.

34) 나는 "번역하기"라는 낱말을, 다양한 문화생산 행위들 간의 일대일 교환 불가능성을 시사하기 위해, 그리고 건축을 형성하는 요소들, 즉 원형태(ur-form)들은 온 역사를 통틀어 변하지 않는다는 사실을 다시 진술하기 위해 사용한다. 그러나 여기에 제시된 복수성의 개념은, 인본주의 건축의 형이상학적 맥락을 약화시킬 것이다.

35) 내가 이 두 개념을 연계시키는 것은, 그것이 루이스 칸의 글에 종종 다시

나타나고, 세기 전환기의 건축 리얼리즘에 유효했기 때문이다. 건축 리얼리즘, 그리고 그에 대한 젬퍼의 관련은 다음에서 논의된다. James Duncan Berry, "*The Legacy of Gotfried Semper: Studies in Spathistorismus*," Ph. D. Dissertation, Brown University, 1989.). 아주 흥미롭게도, 문학 리얼리즘의 역사성에 대한 제머슨(Frederic Jameson)의 분석 덕택에 우리는, "그러한 합리화의 대립적이고 부정적인 것"을 세속화 과정의 파편들 내에서 "적어도 상상만으로도 경험할 수 있는 삶의 공간"을 볼 수 있다. Jameson, *The Political Unconscious* (Ithaca, N.Y.: Cornell University Press, 1981), p. 236.

찾아보기

건축 텍토닉과 기술 니힐리즘
Ontology of Construction:
On Nihilism of Technology in Theories of Modern Architecture

2008년 11월 10일 인쇄
2008년 11월 20일 발행

저 자_Gevork Hartoonian
역 자_이종건
발행인_김기현
발행처_시공문화사 · Spacetime
등 록_1993년 3월 12일 제 1-1493호
편 집_Design_Battery
인 쇄_예림인쇄
제 본_문종문화사
용 지_(주)대림지업사

우 편_120-796
주 소_서울시 서대문구 현저동 200 극동빌딩 5층
전 화_02)3147-1212 · 2323
팩 스_02)3147-2626
spacetime@korea.com
www.spacetime.co.kr

ISBN_978-89-5592-108-3

정 가 11,000원

* 이 책은 2007년 경기대학교 학술 연구비(학술도서 연구과제) 지원에 의하여 수행되었습니다.